2.1 实例：方形积木翻滚动画

2.2 实例：卷轴打开动画

2.3 实例：轮胎滚动动画

2.4 实例：注视动画

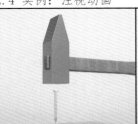   

2.5 实例：敲钉子动画

3.1 实例：翻书动画

3.2 实例：气缸运动动画

3.3 实例：蝴蝶飞舞动画

3.4 实例：直升机飞行动画

3.5 实例：机器虫动画

3.6 实例：汽车直线行驶动画

3.7 实例：汽车曲线行驶动画

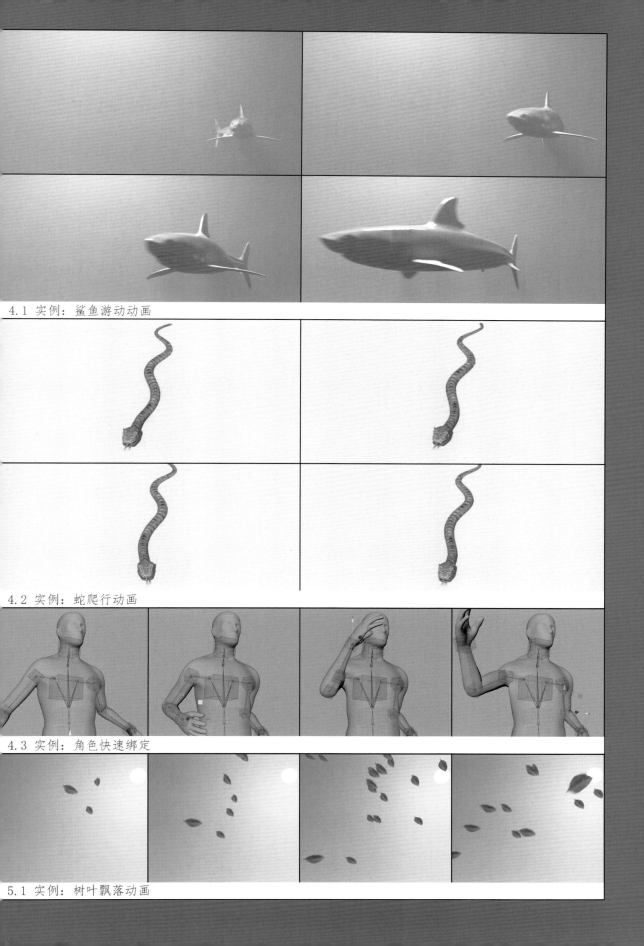

4.1 实例：鲨鱼游动动画

4.2 实例：蛇爬行动画

4.3 实例：角色快速绑定

5.1 实例：树叶飘落动画

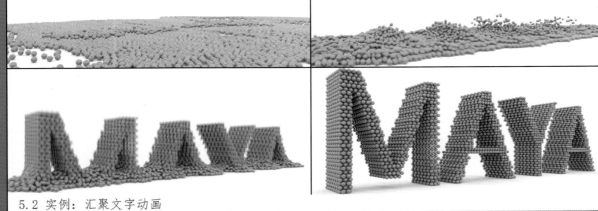

5.2 实例：汇聚文字动画

5.3 实例：虫子消散动画

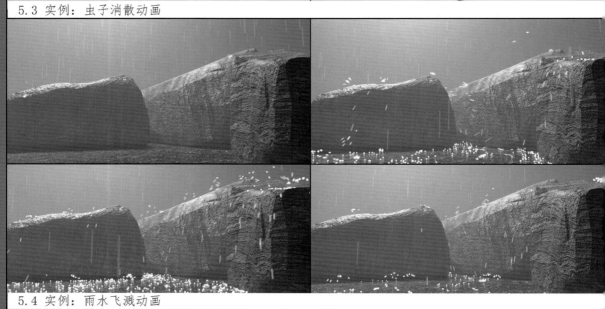

5.4 实例：雨水飞溅动画

5.5 实例：液体模拟动画

6.1 实例：小旗飘扬动画

6.2 实例：叶片飘落动画

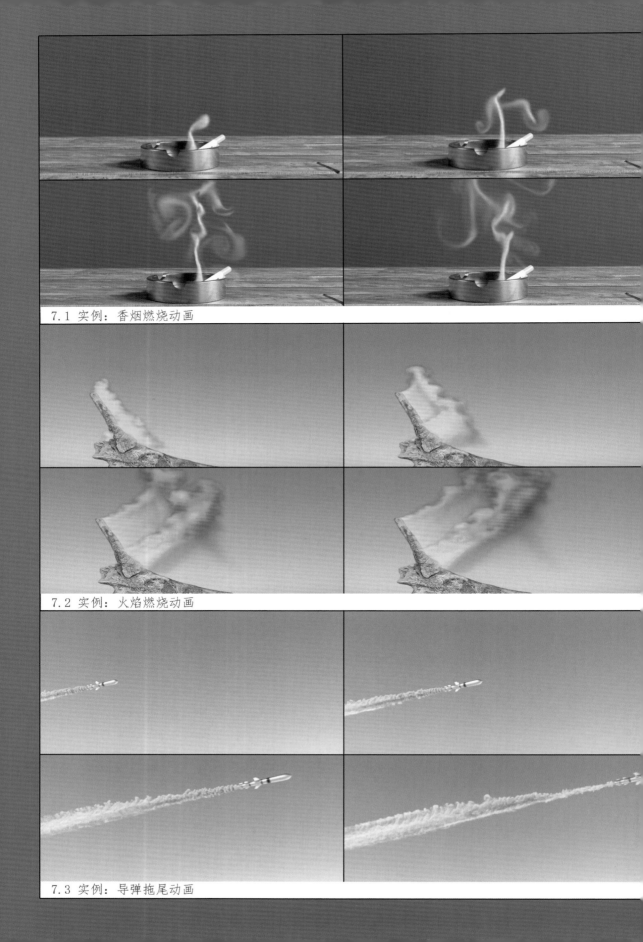

7.1 实例：香烟燃烧动画

7.2 实例：火焰燃烧动画

7.3 实例：导弹拖尾动画

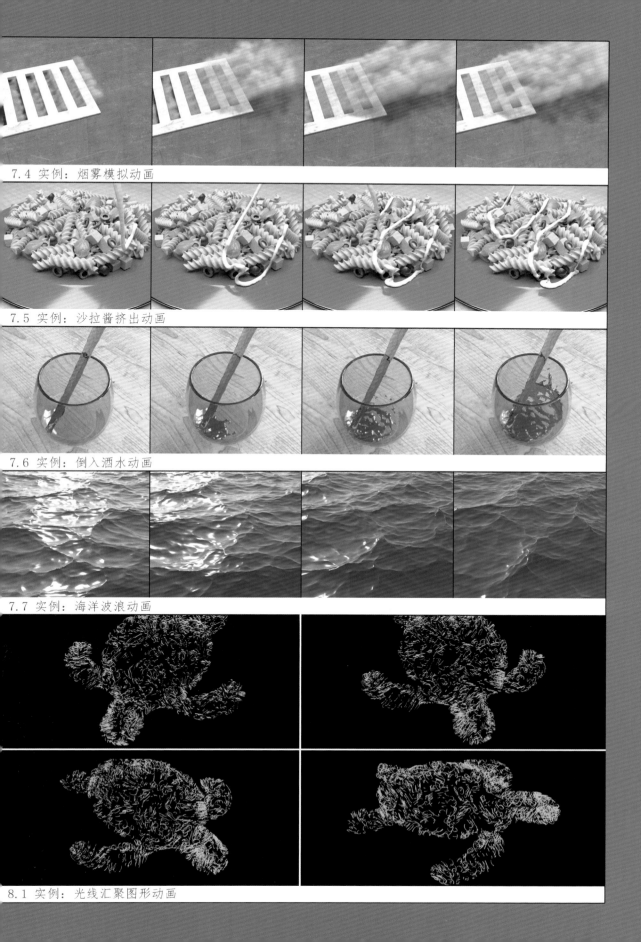

7.4 实例：烟雾模拟动画

7.5 实例：沙拉酱挤出动画

7.6 实例：倒入酒水动画

7.7 实例：海洋波浪动画

8.1 实例：光线汇聚图形动画

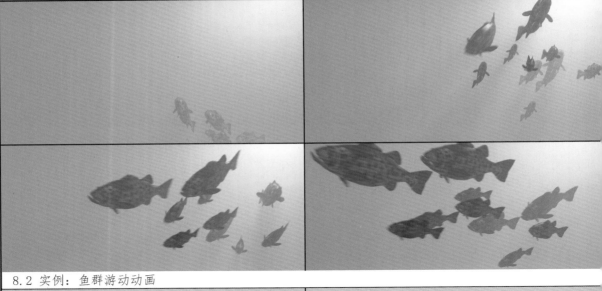

8.2 实例：鱼群游动动画

8.3 实例：文字拖尾动画

8.4 实例：魔幻方块动画

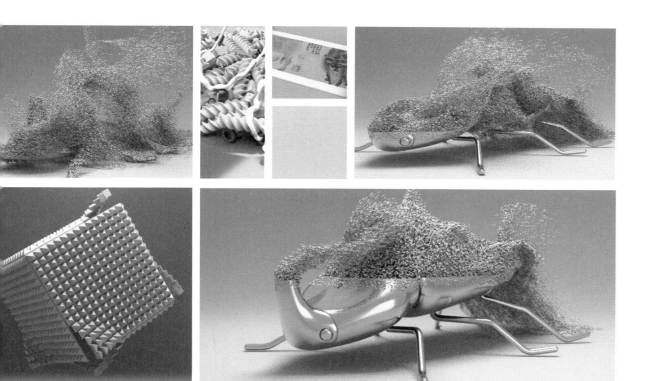

新手到高手

来阳 / 编著

Maya 动画特效
从新手到高手

清华大学出版社

北京

内 容 简 介

本书介绍 Maya 的动画及特效制作，通过精心挑选的多个实例全面系统地介绍中文版 Maya 2020 软件的动画及特效制作技巧。全书共分为 8 章，第 1 章讲解了 Maya 动画的基础知识，第 2～8 章详细讲解了 Maya 的关键帧动画、绑定与约束动画、骨架动画、粒子动画、布料动画、流体动画及运动图形动画的制作。

本书内容丰富、结构清晰，可以针对性地进行学习。本书提供的素材包括所有案例的工程文件、贴图文件及教学视频文件。

本书注重联系实际应用，适合作为高校和培训机构相关专业的培训教材，也可以作为 Maya 2020 自学人员的参考用书。另外，本书所有内容均采用中文版 Maya 2020 软件进行编写。

图书在版编目（CIP）数据

Maya 动画特效从新手到高手 / 来阳编著 . —北京：清华大学出版社，2021.10（2025.1 重印）
（从新手到高手）
ISBN 978-7-302-59372-0

Ⅰ. ① M… Ⅱ. ① 来… Ⅲ. ① 三维动画软件 Ⅳ. ① TP391.414

中国版本图书馆 CIP 数据核字 (2021) 第 207890 号

责任编辑：陈绿春
封面设计：潘国文
责任校对：徐俊伟
责任印制：宋　林

出版发行：清华大学出版社
　　　　　网　　址：https://www.tup.com.cn, https://www.wqxuetang.com
　　　　　地　　址：北京清华大学学研大厦 A 座　　　　　邮　　编：100084
　　　　　社 总 机：010-83470000　　　　　邮　　购：010-62786544
　　　　　投稿与读者服务：010-62776969, c-service@tup.tsinghua.edu.cn
　　　　　质 量 反 馈：010-62772015, zhiliang@tup.tsinghua.edu.cn
印 装 者：三河市龙大印装有限公司
经　　销：全国新华书店
开　　本：188mm×260mm　　　印　　张：11　　　插　　页：4　　　字　　数：329 千字
版　　次：2021 年 11 月第 1 版　　　印　　次：2025 年 1 月第 5 次印刷
定　　价：79.00 元

产品编号：093130-01

前　言

　　本书以目前流行的三维动画制作软件Maya为基础，以实际工作中常见的动画实例详细讲解Maya软件的动画及特效制作技术。本书适合有一定Maya软件操作基础，并希望使用Maya进行三维动画及特效制作的人员阅读与学习，也适合高校动画相关专业的学生学习参考。相比于同类图书，本书具有以下特点。

　　操作规范。本书严格按照实际工作中三维动画的制作流程进行分析和讲解。

　　实用性强。本书中的大多数实例选自笔者从业多年所参与的工作项目，实例的选择非常注重实用性及典型性，力求用最少的篇幅介绍更多的动画制作知识。

　　微课教学。本书所有实例均配有视频微课讲解文件，方便学习操作。

　　性价比高。本书分为8章，共计33个动画实例，全方位展示Maya动画及特效制作过程，物超所值。

　　本书的配套素材和视频教学文件请扫描下面的二维码进行下载，如果在下载过程中碰到问题，请联系陈老师，邮箱：chenlch@tup.tsinghua.edu.cn。

　　由于作者水平有限，书中疏漏之处在所难免。如果有任何技术问题请扫描下面的二维码联系相关技术人员解决。

配套素材

视频教学

技术支持

来阳

2021年9月

目　录

第1章
Maya动画基本知识

1.1 动画概述

动画是一门集合了漫画、电影、数字媒体等多种艺术形式的综合艺术。经过100多年的历史发展，动画已经形成了较为完善的理论体系和多元化产业。在本书中，制作动画仅狭义地理解为使用Maya软件设置对象的形变及运动过程记录。在Maya软件中制作效果真实的动画是一种"黑魔法"。使用Maya软件创作的虚拟元素与现实中的对象合成在一起可以带给观众超强的视觉感受和真实体验。迪士尼公司早在20世纪30年代就提出了著名的"动画12原理"，这些基本原理不但适用于定格动画、黏土动画、二维动画，也适用于三维电脑动画。掌握一定的动画基础理论，有助于制作出更加令人信服的动画效果。

在没有数字技术之前，动画师创造性地将传统绘画、模型制作、摄影辅助、剪纸艺术等技术手段用于动画制作，如1940年米高梅电影公司出品的动画片《猫和老鼠》、1958年万古蟾执导的剪纸动画片《猪八戒吃瓜》、1988年上海美术电影制片厂出品的水墨动画片《山水情》等。制作这些影片的动画师在没有数字技术的年代以传统的艺术创作方式完成了一个又一个经典动画，推动了动画制作技术的发展。在数字时代，使用计算机制作动画继续沿用动画先驱者们总结出来的经验，并在此基础上不断完善、更新及应用。如图1-1所示为使用三维动画软件所制作完成的《土豆侠》角色形象（图片由福州天之谷网络科技有限公司授权）。

图1-1

1.2 计算机动画应用领域

计算机图形技术始于20世纪50年代早期，最初主要应用于军事作战、计算机辅助设计与制造等专业领域，而非艺术设计专业。在20世纪90年代，计算机技术开始成熟，图形图像技术被越来越多的视觉艺术专业人员关注。随着数字时代的发展和各个学科之间的交叉融合，计算机动画的应用领域不断扩大，除了熟知的动画片制作领域，还可以在影视动画、游戏展示、产品设计、建筑表现等各行各业看到计算机动画的身影。

1.2.1 影视动画

自从工业光魔公司在1975年参与第一部《星球大战》的特效制作以来，电影特效技术重新得到电影公司的认可。时至今日，工业光魔公司已然成为可以代表当今世界顶尖水准的一流电影特效制作公司，其特效作品《钢铁侠》《变形金刚》《加勒比海盗》等均给予观众无比震撼的视觉效果体验。如图1-2所示为福州天之谷网络科技有限公司出品的《土豆侠》影视动画作品。

图1-2

1.2.2 游戏展示

随着移动设备的大量使用，游戏不再像以往那样只能在台式电脑上安装运行。越来越多的游戏公司开始考虑将自己的电脑游戏产品移植到手机或平板电脑上，带给玩家随时随地的游戏体验。好的游戏不仅需要动人的剧情、有趣的关卡设计，更需要华丽的美术视觉效果，如图1-3所示。

图1-3

1.2.3 产品设计

在进行工业产品设计时，逼真的三维动画效果对产品的展示和宣传起不可替代的作用，如图1-4所示为使用三维软件制作完成的概念汽车行驶动画效果截图。

图1-4

1.2.4 建筑表现

建筑表现不只可以使用3ds Max软件完成。Maya软件既然可以轻松胜任电影场景的制作，也适用于建筑及室内空间表现，如图1-5所示为使用Maya软件制作完成的三维图像作品。

图1-5

1.3 关键帧设置

学习Maya的动画技术之前，我们首先应该掌握一些相关的基础知识，如关键帧的设置方法，什么是曲线图编辑器等。

关键帧动画是Maya动画技术中最常用的，也是最基础的动画设置技术。简而言之，就是在物体动画的关键时间点上设置数据记录，而Maya根据这些关键点上的数据设置来完成中间时间段的动画计算，这样一段流畅的三维动画就制作完成了。在"动画"工具架中可以找到有关关键帧的命令，如图1-6所示。

图1-6

常用工具解析

■ 设置关键帧 ┼: 选择要设置关键帧的对象。

■ 设置动画关键帧 ▌▌▌: 为已经设置动画的通道设置关键帧。

■ 设置平移关键帧 ┼: 为选择的对象设置平移属性关键帧。

■ 设置旋转关键帧 ┼: 为选择的对象设置旋转属性关键帧。

■ 设置缩放关键帧 ┼: 为选择的对象设置缩放属性关键帧。

1.3.1 设置关键帧

在"动画"工具架中双击"设置关键帧"按钮，可打开"设置关键帧选项"对话框，如图1-7所示。

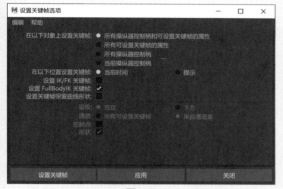

图1-7

常用参数解析

- 在以下对象上设置关键帧：指定将在哪些属性上设置关键帧，Maya提供了4种选项，默认设置为"所有操纵器控制柄和可设置关键帧的属性"。
- 在以下位置设置关键帧：指定在设置关键帧时将采用何种方式确定时间。
- 设置IK/FK关键帧：勾选该复选框后，为带有IK手柄的关节链设置关键帧时，能为IK手柄的所有属性和关节链的所有关节记录关键帧，能够创建平滑的IK/FK动画。只有当"所有可设置关键帧的属性"处于被选中的状态时，这个复选框才会有效。
- 设置FullBodyIK关键帧：当勾选该复选框时，可以为全身的IK记录关键帧。
- 层次：指定在有组层级或父子关系层级的物体中，将采用何种方式设置关键帧。
- 通道：指定将采用何种方式为选择物体的通道设置关键帧。
- 控制点：勾选该复选框时，将在选择物体的控制点上设置关键帧。
- 形状：勾选该复选框时，将在选择物体的形状节点和变换节点上设置关键帧。

设置关键帧的具体操作步骤如下。

① 运行Maya软件后，在场景中创建一个多边形立方体对象，如图1-8所示。

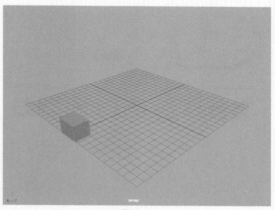

图1-8

② 在"属性编辑器"面板中，切换至pCube1选项卡，在"变换属性"卷展栏内，将光标放置于"平移"属性上并右击，在弹出的快捷菜单中选择"设置关键帧"选项，这样多边形立方体的第一个平移关键帧就设置完成了，如图1-9所示。

图1-9

③ 设置好关键帧的属性，其参数的背景色显示为红色，如图1-10所示。

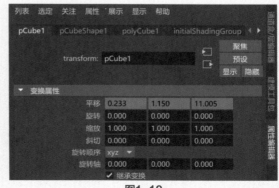

图1-10

04 将时间设置为40帧，沿Z轴更改多边形立方体的位置至如图1-11所示。

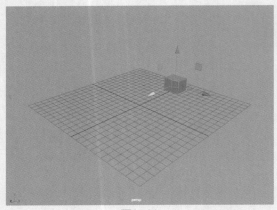

图1-11

05 再次在"属性编辑器"面板中对"平移"属性设置关键帧。设置完成后，可以看到已经设置了关键帧的数值，其背景色由浅红色变为了红色，如图1-12所示。

图1-12

06 拖动时间帧的位置，可以看到制作完成的平移动画。

1.3.2 更改关键帧

在设置关键帧动画时，通常要经常根据动画的整体需要调整关键帧的位置或对象的运动轨迹，所以不但要学习设置关键帧技术，也要掌握关键帧动画的修改技术。在Maya 2020软件中，修改关键帧动画的具体操作步骤如下。

01 如果要修改关键帧的时间位置，首先要将关键帧选中。按住Shift键，即可在轨迹栏上选择关键帧，如图1-13所示。

图1-13

02 选择要更改位置的关键帧后，直接在轨迹栏

中以拖曳的方式可对关键帧的位置进行更改，如图1-14所示。

图1-14

03 如果要更改关键帧的参数，则在"属性编辑器"面板中进行。打开"属性编辑器"面板，将光标移动至"平移"属性后方的对应属性上，右击，在弹出的快捷菜单中选择第一个选项，如图1-15所示，即可打开"动画曲线属性"卷展栏，如图1-16所示。

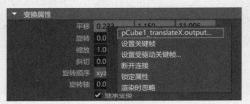

图1-15

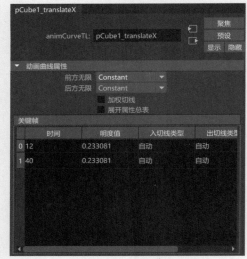

图1-16

04 在"动画曲线属性"卷展栏内，可以很方便地查看当前对象关键帧的"时间"以及"明度值"，更改"明度值"的值即可修改对应时间帧上的参数属性，如图1-17所示。

图1-17

1.3.3 删除关键帧

Maya 2020允许动画师在编辑关键帧时，对多余的关键帧进行删除操作，具体操作步骤如下。

① 按住Shift键，在轨迹栏上选择要删除的关键帧，如图1-18所示。

图1-18

② 在所选择的关键帧上右击，在弹出的快捷菜单中选择"删除"选项，即可完成关键帧的删除操作，如图1-19所示。

图1-19

1.3.4 自动关键帧记录

Maya提供了自动关键帧记录功能。这种设置关键帧的方式避免了每次更改对象属性都要手动设置关键帧的麻烦，提高了动画制作的效率。需要注意的是，使用这一功能之前，需要手动对模型将要设置动画的属性设置一个关键帧，这样自动关键帧命令才会开始作用于该对象。

为物体设置自动关键帧记录的具体操作步骤如下。

① 启动Maya软件，在场景中创建一个多边形球体模型，如图1-20所示。

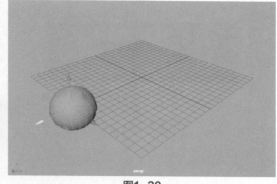

图1-20

② 在软件界面右侧的"通道盒"中，选择"平移X/Y/Z"这3个属性，并右击，在弹出的快捷菜单中选择"为选定项设置关键帧"选项，如图1-21所示。这3个属性的关键帧就设置完成了，设置好关键帧的属性会显示红色方块，如图1-22所示。

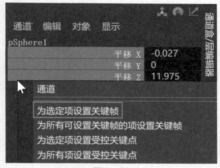

图1-21

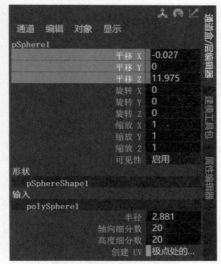

图1-22

5

03 单击Maya软件界面右下方的"自动关键帧切换"按钮,如图1-23所示。

图1-23

04 在"时间轴"上拖曳时间滑块至要记录动画关键帧的位置,再改变球体的位置至如图1-24所示。

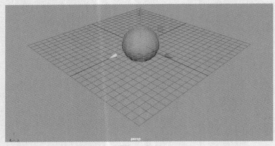

图1-24

05 更改多边形球体的位置,即可在"时间轴"上看到新生成的关键帧,这说明新的动画关键帧已经自动设置好了,如图1-25所示。

图1-25

1.4 曲线图编辑器

"曲线图编辑器"具有强大的关键帧动画编辑功能。通过曲线图表,动画师可以自由地观察及修改动画曲线。执行"窗口"|"动画编辑器"|"曲线图编辑器"命令,如图1-26所示,即可打开"曲线图编辑器",如图1-27所示。

图1-26

图1-27

常用参数解析

■ 移动最近拾取的关键帧工具 : 使用该工具可以通过单一鼠标操作来操纵各个关键帧和切线。

■ 插入关键帧工具 : 使用该工具可以添加关键帧。

■ 晶格变形关键帧工具 : 使用该工具可以通过围绕关键帧组绘制晶格变形器,在"曲线图编辑器"中操纵曲线,从而同时操纵许多关键帧。该工具可提供对动画曲线的高级别控制。

■ 区域工具 : 启用区域选择模式,可以在图表视图区域拖动以选择一个区域,然后在该区域内在时间和值上缩放关键帧。

■ 重定时工具 : 通过双击图表视图区域来创建重定时标记。拖动这些标记可以直接调整动画中关键帧移动的计时,使其发生得更快或更慢,也可以提前或推后发生。

■ 框显全部 : 框显所有当前动画曲线的关键帧。

■ 框显播放范围 : 框显当前"播放范围"内的所有关键帧。

■ 使视图围绕当前时间居中 : 在"曲线图编辑器"图表视图中使当前时间居中。

■ 自动切线 : 提供对"曲线图编辑器"菜单项"切线/自动"命令的轻松访问。

■ 样条线切线 : 提供对"曲线图编辑器"菜单栏项"切线/样条线"命令的轻松访问。

■ 钳制切线 : 在"曲线图编辑器"中执行"切线"|"钳制切线"命令。

■ 线性切线 : 在"曲线图编辑器"中执行"切线"|"线性切线"命令。

■ 平坦切线 : 在"曲线图编辑器"中执行"切线"|"平坦切线"命令。

■ 阶跃切线 : 在"曲线图编辑器"中执行"切线"|"阶跃切线"命令。

■ 高原切线 : 在"曲线图编辑器"中执行"切线"|"高原切线"命令。

- 默认入切线▨：指定默认入切线的类型，为Maya 2020新增功能。

- 默认出切线▨：指定默认出切线的类型，为Maya 2020新增功能。

- 缓冲区曲线快照▨：用于快照所选择的动画曲线。

- 交换缓冲区曲线▨：将缓冲区曲线与已编辑的曲线交换。

- 断开切线▨：在"曲线图编辑器"中执行"切线"|"断开切线"命令。

- 统一切线▨：在"曲线图编辑器"中执行"切线"|"统一切线"命令。

- 自由切线长度▨：在"曲线图编辑器"中执行"切线"|"自由切线长度"命令。

- 锁定切线长度▨：在"曲线图编辑器"中执行"切线"|"锁定切线长度"命令。

- 自动加载曲线图编辑器▨：启用或禁用在"列表"菜单中找到"自动加载选定对象"命令。

- 时间捕捉▨：强制在图表视图中移动的关键帧成为最接近的整数时间单位值。

- 值捕捉▨：强制图表视图中的关键帧成为最接近的整数值。

- 绝对视图▨：在"曲线图编辑器"中执行"视图"|"绝对视图"命令。

- 堆叠视图▨：在"曲线图编辑器"中执行"视图"|"堆叠视图"命令。

- 打开摄影表▨：打开"摄影表"并加载当前对象的动画关键帧。

- 打开 Trax 编辑器▨：打开"Trax 编辑器"并加载当前对象的动画片段。

- 打开时间编辑器▨：打开"时间编辑器"并加载当前对象的动画关键帧。

第2章
简单的关键帧动画

Maya软件中的大部分参数均可设置关键帧动画，本书从关键帧动画的设置开始讲解，通过制作一些简单的实例来带领读者由浅入深，一步一步的开始学习Maya软件动画方面的有关知识。

2.1 实例：方形积木翻滚动画

本实例通过使用关键帧动画技术为对象的旋转属性设置关键帧制作一个方形积木在地上不断翻滚的动画效果，如图2-1所示为本实例的动画完成渲染效果。

图2-1

⓪① 启动中文版Maya 2020软件，并打开本书配套资源"方形积木.mb"文件，可以看到场景中有一个方形积木模型，如图2-2所示。

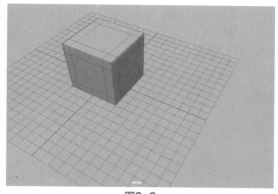

图2-2

02 在工具栏中单击"捕捉到点"按钮，开启Maya的捕捉到点功能，如图2-3所示。

图2-3

03 选择场景中的积木模型，按D键，激活对象的"编辑枢轴"功能，如图2-4所示。

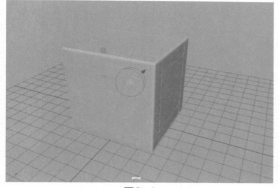

图2-4

04 移动积木模型的坐标轴至如图2-5所示的顶点位置后，再次按D键，关闭"编辑枢轴"功能。

图2-5

05 将时间帧设置在第1帧，在"通道盒/层编辑器"面板中，在其"旋转Z"属性上右击，为该属性设置关键帧，完成后可以看到"旋转Z"属性会显红色的方块标记，如图2-6所示。

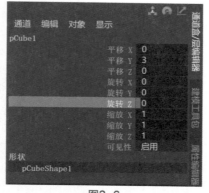

图2-6

06 将时间帧设置在第20帧，将场景中的积木模型旋转至如图2-7所示的状态，再次为"旋转Z"属性设置关键帧，如图2-8所示，制作出积木翻滚的动画效果。

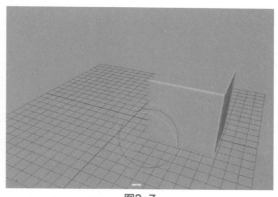

图2-7

图2-8

07 继续制作积木往前翻滚的动画。需要注意的是，积木如果再往前翻滚，不可以直接更改积木模型的坐标轴。在场景中选择积木模型，按快捷键Ctrl+G，对积木模型执行"分组"操作，同时在"大纲视图"中观察积木模型的层级关系，如图2-9所示。

图2-9

◉ 技巧与提示 ·◉

读者需要注意，积木模型的旋转动画制作完成后，如果再次更改积木模型的坐标轴位置会对之前的旋转动画产生影响，所以，这时可以对积木模型执行"分组"操作，更改组的坐标轴来继续制作积木模型翻滚的动画效果。

08 对新建的组更改坐标轴，不会对之前的积木模型旋转动画产生影响。场景中组的坐标轴位置在默认状态下处于场景中的坐标原点，如图2-10所示。

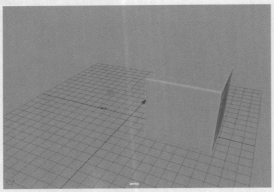

图2-10

09 按D键，移动组的坐标轴至如图2-11所示的顶点位置。调整完成后，再次按D键，关闭"编辑枢轴"功能。

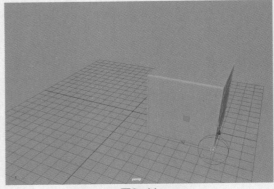

图2-11

10 在第20帧，为组的"旋转Z"属性设置关键帧，如图2-12所示。

图2-12

11 设置完成后，移动时间帧至第40帧，将场景中的积木模型旋转至如图2-13所示的状态，并再次为"旋转Z"属性设置关键帧，制作出积木再次向前方翻滚的动画效果。

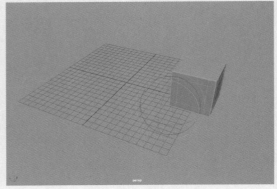

图2-13

⑫ 重复以上步骤，即可制作出方形积木在地面上不断翻滚的动画效果。本例为方形积木模型制作了4次不同方向的翻滚动画，执行"窗口"|"动画编辑器"|"曲线图编辑器"命令，在弹出的"曲线图编辑器"中查看动画曲线效果，如图2-14所示。

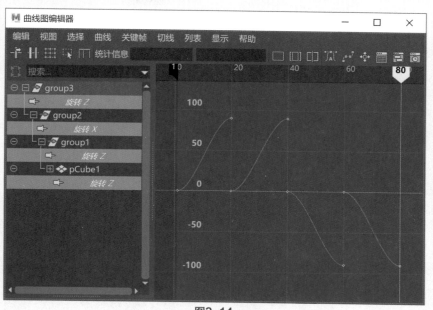

图2-14

2.2 实例：卷轴打开动画

本实例使用关键帧动画技术制作卷轴打开的动画效果，如图2-15所示为动画完成渲染效果。

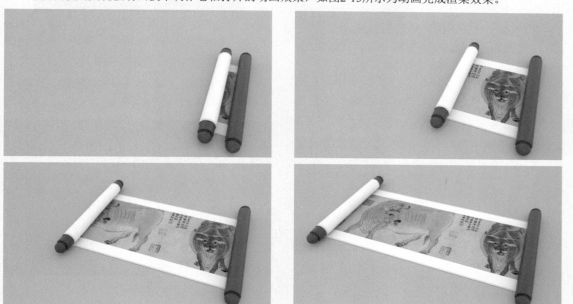

图2-15

① 启动中文版Maya 2020软件，并打开本书配套资源"画轴.mb"文件，可以看到场景中有一个已经设置了材质的卷轴模型，如图2-16所示。

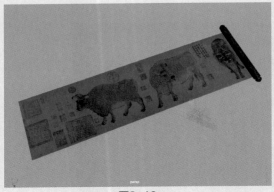

图2-16

② 单击"使用默认材质"按钮，让场景中的模型显示为统一的颜色，如图2-17所示。

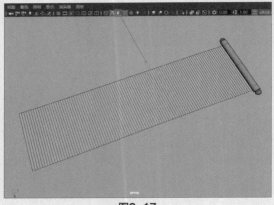

图2-17

③ 选择场景中的卷轴模型，如图2-18所示。执行"变形" | "非线性" | "弯曲"命令，为画模型添加弯曲控制柄，如图2-19所示。

图2-18

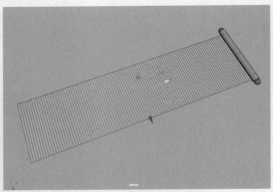

图2-19

④ 在"通道盒/层编辑器"面板中，设置弯曲控制柄的"旋转Z"为90，如图2-20所示。

图2-20

⑤ 在"属性编辑器"面板中，展开"非线性变形器属性"卷展栏，设置"曲率"为180，"下限"为0，如图2-21所示。可得到如图2-22所示的模型结果。

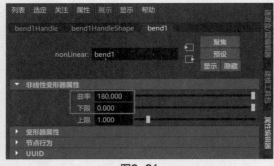

图2-21

⑥ 使用"移动工具"调整弯曲控制柄的位置至如图2-23所示的状态。

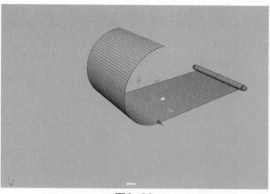

图2-22

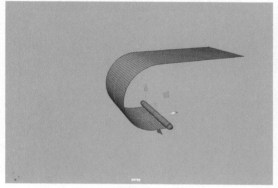

图2-23

07 在"非线性变形器属性"卷展栏中，设置"曲率"为1600，"上限"为10，使卷轴模型卷起来后的半径与场景中卷轴模型的半径相似，如图2-24所示。

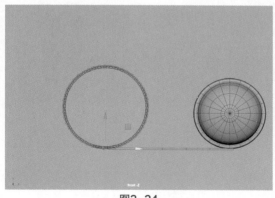

图2-24

08 在"通道盒/层编辑器"面板中，设置"旋转Z"为90.2，如图2-25所示。再次在"前视图"中观察模型，可以看到模型卷起来后会产生厚度，如图2-26所示。

图2-25

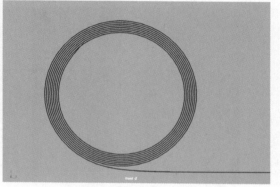

图2-26

09 在场景中复制模型，并调整其位置至如图2-27所示的状态。

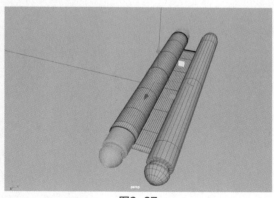

图2-27

10 在"大纲视图"中，将复制得到的卷轴模型设置为弯曲控制柄的子物体，如图2-28所示。

11 在第1帧位置，选择弯曲控制柄，在"通道盒/层编辑器"面板中，为"平移X"属性设置关键帧，如图2-29所示。

图2-28

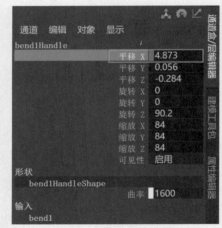

图2-31

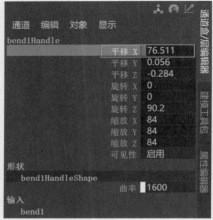

图2-29

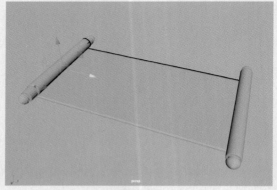

图2-30

⑫ 在第50帧位置，调整弯曲控制柄的位置至如图2-30所示的状态。

⑬ 在"通道盒/层编辑器"面板中，再次为"平移X"属性设置关键帧，如图2-31所示。

⑭ 设置完成后，播放动画，卷轴的打开效果如图2-32~图2-35所示。

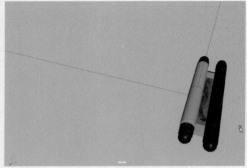

图2-32

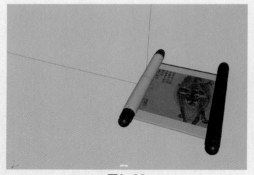

图2-33

图2-34

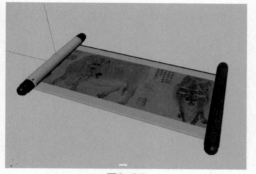

图2-35

2.3 实例：轮胎滚动动画

本实例通过使用"表达式"在两个互不关联的参数之间建立数学关系，制作轮胎滚动的动画。完成后的动画效果如图2-36所示。

图2-36

01 启动中文版Maya 2020软件，打开本书配套资源"轮胎.mb"文件，场景中有一个汽车轮胎模型，如图2-37所示。

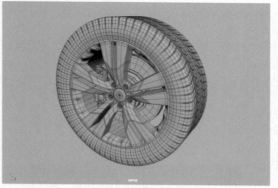

图2-37

02 将视图切换至"左视图"，单击"曲线/曲面"工具架中的"NURBS圆形"按钮，如图2-38所示。在场景中绘制一个与轮胎模型大小相近的圆形，如图2-39所示。

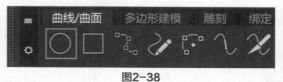

图2-38

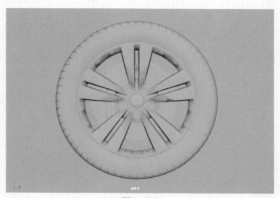

图2-39

⑩ 在"透视视图"中，将圆形与轮胎模型选中，使用"对齐工具"进行对齐，如图2-40所示。

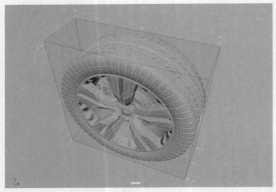

图2-40

⑭ 先选择轮胎模型，按住Shift键，加选圆形曲线，按P键，将轮胎模型设置为圆形曲线的子对象。设置完成后，在"大纲视图"中观察两者之间的层级关系，如图2-41所示。给圆形图形设置动画后，作为其子对象的轮胎模型随之产生运动效果。

图2-41

⑮ 给圆形图形设置动画。一般来说，圆形物体在滚动的同时，随着位置的变换自身还会产生旋转动画，需要使用表达式来进行动画的设置。选择圆形曲线，将光标放置于"平移"属性的Z值上，右击，在弹出的快捷菜单中选择"创建新表达式"选项，如图2-42所示。

⑯ 在弹出的"表达式编辑器"中，将代表圆形曲线Z方向位移属性的表达式复制记录下来，如图2-43所示。

图2-42

图2-43

⑰ 同理，找到代表圆形曲线半径的表达式，如图2-44所示。

图2-44

⑱ 在"旋转"属性的X值上右击，在弹出的快捷菜单中选择"创建新表达式"选项，如

图2-45所示。

图2-45

⑨ 在弹出的"表达式编辑器"中，在"表达式"文本框内输入nurbsCircle1.rotateX=nurbsCircle1.translateZ/makeNurbCircle1.radius*180/3.14，如图2-46所示。

图2-46

⑩ 输入完成后，单击"表达式编辑器"下方左侧的"创建"按钮，执行该表达式，可以看到圆形曲线"旋转"属性的Z值背景色呈紫色显示状态，如图2-47所示，这说明该参数受到其他参数的影响。

图2-47

⑪ 设置完成后，在"属性编辑器"中，可以看到圆形曲线增加了一个名称为expression1的选项卡，如图2-48所示。在场景中慢慢沿Z轴移动圆形曲线，可以看到轮胎模型会产生正确的自旋效果。

图2-48

⑫ 将时间滑块放置在第1帧位置，为圆形曲线的"平移Z"设置关键帧，如图2-49所示。

图2-49

⑬ 将时间滑块放置在第120帧位置，沿Z轴移动圆形曲线至如图2-50所示的位置，并再次为圆形曲线的"平移Z"设置关键帧，如图2-51所示。

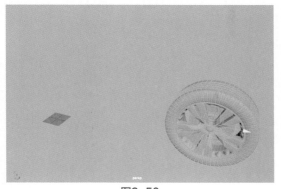

图2-50

图2-51

⑭ 设置完成后，播放场景动画，可看到正确的轮胎模型滚动动画效果，如图2-52~图2-55所示。

图2-52

图2-53

图2-54

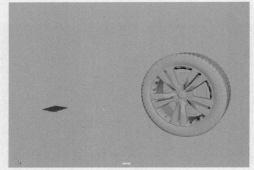

图2-55

2.4 实例：注视动画

本实例通过使用"受驱动关键帧"在两个物体之间建立影响关系，制作注视控制动画。完成后的动画效果如图2-56所示。

图2-56

① 启动中文版Maya 2020软件，打开本书配套资源"猫头鹰书立.mb"文件，场景中有一个书立模型，如图2-57所示。

图2-57

② 本实例中，要实现的是通过书立上小鸟的旋转运动来控制书立上猫头鹰眼睛的位移，所以先选择场景中被控制的对象——猫头鹰眼睛模型，如图2-58所示。

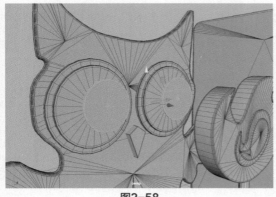

图2-58

③ 单击"绑定"工具架中的"设置受驱动关键帧"按钮，如图2-59所示。

图2-59

④ 在弹出的"设置受驱动关键帧"对话框中，可以看到猫头鹰眼睛模型的名称已经在"受驱动"下方的文本框中，如图2-60所示。

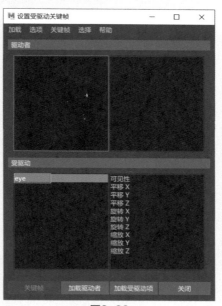

图2-60

⑤ 选择场景中的小鸟模型，如图2-61所示。

图2-61

⑥ 在"通道盒/层编辑器"面板中，设置其"旋转Z"为-25，如图2-62所示，得到如图2-63所示的模型结果。

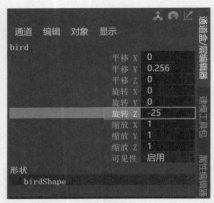

图2-62

图2-63

⑦ 单击"设置受驱动关键帧"面板下方的"加载驱动者"按钮,即可看到小鸟按钮模型的名称出现在"驱动者"下方的文本框内,如图2-64所示。

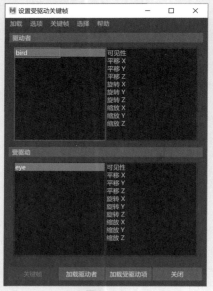

图2-64

⑧ 如果要通过小鸟模型的旋转变化控制猫头鹰眼睛的位移变化,应该在"设置受驱动关键帧"面板中设置小鸟的"旋转Z"属性与猫头鹰眼睛的"平移X"属性建立联系,并单击"关键帧"按钮,为这两个属性建立受驱动关键帧,如图2-65所示。

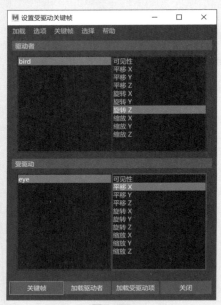

图2-65

⑨ 将时间滑块移动至第20帧位置,将小鸟模型的"旋转Z"设置为25,如图2-66所示。

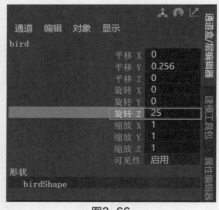

图2-66

⑩ 调整猫头鹰眼睛至如图2-67所示的位置,使其看起来好像盯着小鸟一样,再次单击"设置受驱动关键帧"面板中的"关键帧"按钮,即可完成这两个对象之间的参数受驱动事件。

图2-67

⑪ 选择猫头鹰眼睛模型，在"通道盒/层编辑器"面板中，可以看到该模型的"平移X"属性会显示蓝色方块标记，说明该属性正受其他属性的影响，如图2-68所示。同时，在"属性编辑器"面板中，展开"变换属性"卷展栏，也可以看到"平移"属性的X值背景色呈蓝色，如图2-69所示。

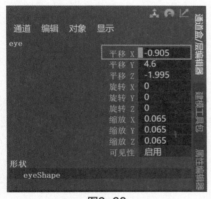

图2-68

图2-69

⑫ 为了防止误操作，选择场景中的小鸟模型，在"通道盒/层编辑器"面板中，将"平移X""平移Y""平移Z""旋转X""旋转Y""缩放X""缩放Y""缩放Z"这几个属性选中，如图2-70所示。

图2-70

⑬ 右击，在弹出的快捷菜单中选择"锁定选定项"选项，即可锁定这些选中参数的数值。锁定完成后，这些参数后面均会出现蓝色方块标记，如图2-71所示。

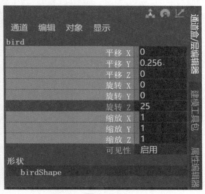

图2-71

⑭ 在第1帧位置，为小鸟模型的"旋转Z"设置关键帧。设置完成后，"旋转Z"属性会显示红色方块标记，如图2-72所示。

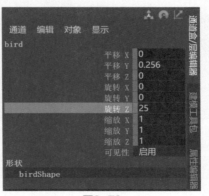

图2-72

⑮ 在第20帧位置，将小鸟模型的"旋转Z"更改为-25，并设置关键帧，如图2-73所示。

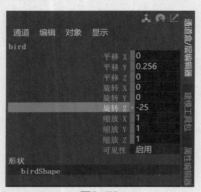

图2-73

⑯ 执行"窗口"|"动画编辑器"|"曲线图编辑器"命令，打开"曲线图编辑器"，如图2-74所示。

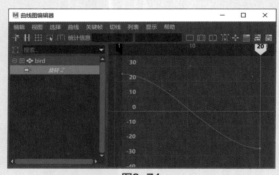

图2-74

⑰ 在"曲线图编辑器"中，选择"旋转Z"属性，执行"曲线"|"后方无限"|"往返"命令，如图2-75所示。

图2-75

⑱ 设置完成后，播放场景动画，即可看到猫头鹰的眼睛会随着小鸟的不断摆动来回运动，如图2-76和图2-77所示。

图2-76

图2-77

2.5 实例：敲钉子动画

本实例通过使用"曲线图编辑器"调试物体的动画曲线，制作敲钉子的动画。完成后的动画效果如图2-78所示。

图2-78

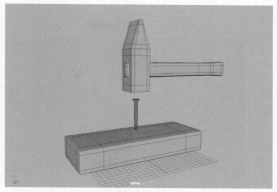

图2-79

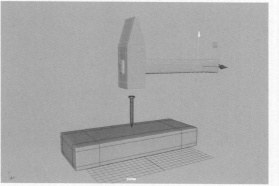

图2-80

01 启动中文版Maya 2020软件，打开本书配套资源"锤子.mb"文件，场景中有一个锤子模型、一个钉子模型和一块木方模型，如图2-79所示。

02 首先制作锤子模型的动画效果。选择场景中的锤子模型，如图2-80所示。

03 在第1帧位置，在"通道盒/层编辑器"面板中，为其"平移X"和"平移Y"属性设置关键帧，如图2-81所示。

图2-81

④ 在第12帧位置，在"通道盒/层编辑器"面板中，设置"平移Y"为-1.8，并为"平移X""平移Y"和"旋转Z"属性设置关键帧，如图2-82所示。

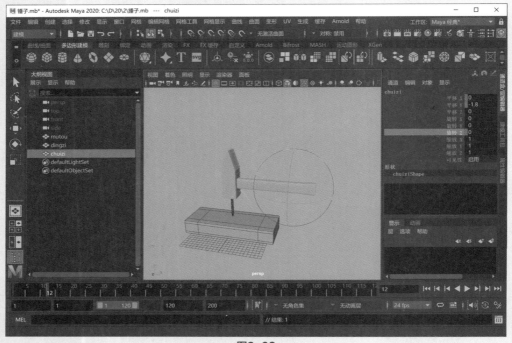

图2-82

⑤ 在第32帧位置，在"通道盒/层编辑器"面板中，设置"平移X"为12，"平移Y"为5，"旋转Z"为-80，使得锤子模型仿佛被举起一般，并为"平移X""平移Y"和"旋转Z"属性设置关键帧，如图2-83所示。

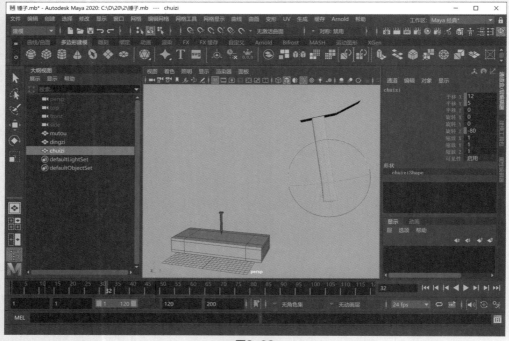

图2-83

06 在第40帧位置，在"通道盒/层编辑器"面板中，设置"平移X"为0，"平移Y"为-6，"旋转Z"为0，使得锤子模型砸向钉子，并为"平移X""平移Y"和"旋转Z"属性设置关键帧，如图2-84所示。

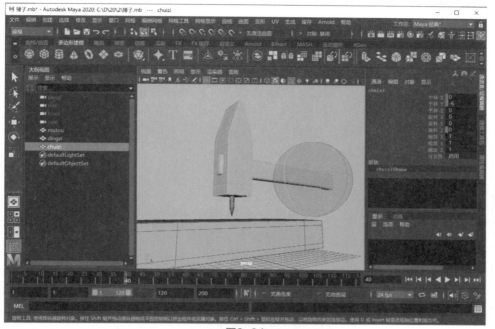

图2-84

07 在第45帧位置，在"通道盒/层编辑器"面板中，设置"平移X"为0，"平移Y"为0，"旋转Z"为-20，制作出锤子模型砸完钉子后产生的反弹效果，并为"平移X""平移Y"和"旋转Z"属性设置关键帧，如图2-85所示。

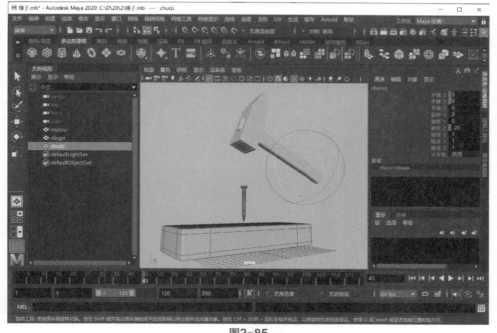

图2-85

⑧ 在第55帧位置，在"通道盒/层编辑器"面板中，设置"旋转Z"为0，制作出锤子模型砸完钉子且产生反弹后的下落缓冲效果，并为"旋转Z"属性设置关键帧，如图2-86所示。

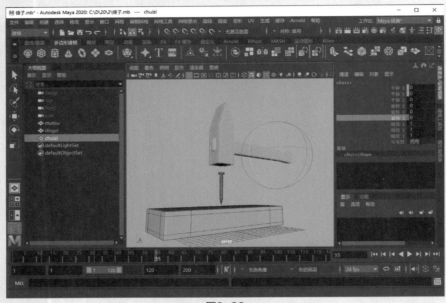

图2-86

⑨ 执行"窗口"|"动画编辑器"|"曲线图编辑器"命令，打开"曲线图编辑器"，如图2-87所示。在"曲线图编辑器"中，可以看到默认状态下，所选模型上所有参数的动画曲线都是从匀加速到匀减速的状态，这与实际敲钉子的动作是不一致的。在敲钉子的时候，砸下去的瞬间通常要用比较大的力气，应该是加速下落的运动状态。锤子模型砸到钉子上的时间帧为第40帧，需要对第40帧的动画曲线进行调整。

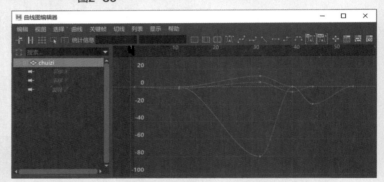

图2-87

⑩ 在"曲线图编辑器"中，选择锤子模型的"平移X"属性，在对应的动画曲线中选择第40帧位置的曲线节点，如图2-88所示。

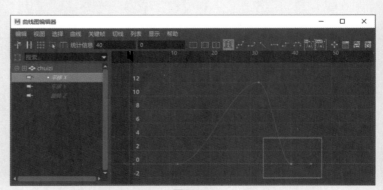

图2-88

⓫ 调整左侧的手柄至如图2-89
所示的位置，将动画曲线更改
为均加速的状态。

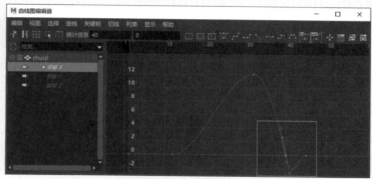

图2-89

⓬ 再选择右侧的手柄，单击
"平坦曲线"按钮，将动画曲线
还原为原来的状态，如图2-90
所示。

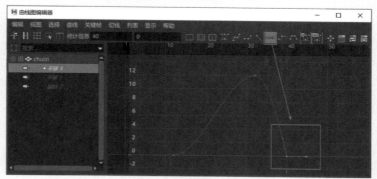

图2-90

⓭ 选择锤子模型的"平移Y"
属性，在对应的动画曲线中选
择第40帧位置的曲线节点，如
图2-91所示。

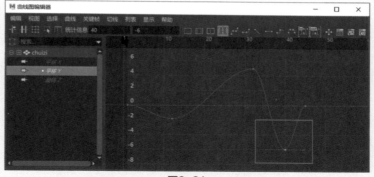

图2-91

⓮ 使用相同的操作步骤调整
动画曲线的形态，如图2-92
所示。

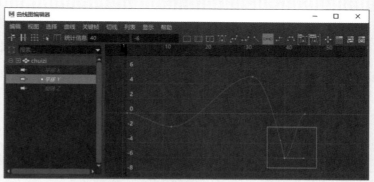

图2-92

⑮ 选择锤子模型的"旋转Z"
属性，在对应的动画曲线中选
择第40帧位置的曲线节点，如
图2-93所示。

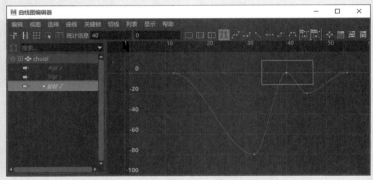

图2-93

⑯ 调整动画曲线的形态，如
图2-94所示。

⑰ 设置完成后，播放场景动
画，可以看到锤子在砸向钉子
时呈明显的加速运动。

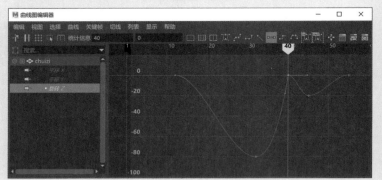

图2-94

⑱ 接下来，开始制作钉子模型的动画，使其在位置上匹配锤子动画效果。选择场景中的钉子模型，
选择第39帧位置，在"通道盒/层编辑器"面板中，为"平移Y"属性设置关键帧，如图2-95所示。

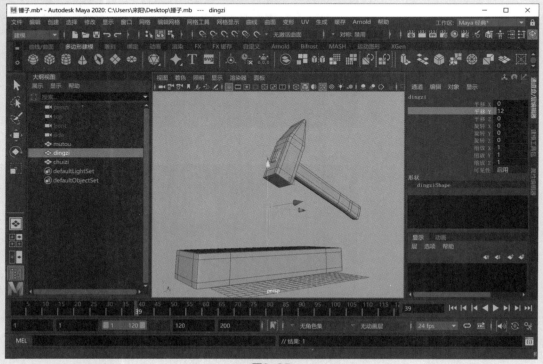

图2-95

⑲ 在第40帧位置，在"通道盒/层编辑器"面板中，设置"平移Y"为7.7，制作出钉子被砸进木方后的效果，并为"平移Y"属性设置关键帧，如图2-96所示。

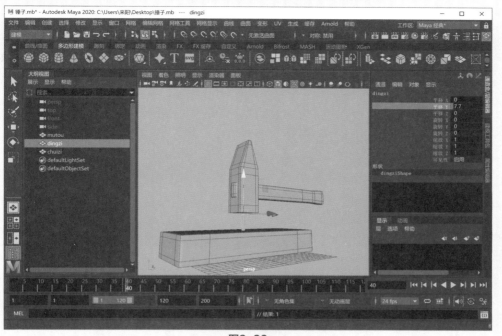

图2-96

⑳ 本实例制作完成后的动画效果如图2-97~图2-100所示。

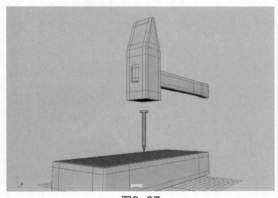

图2-97

图2-98

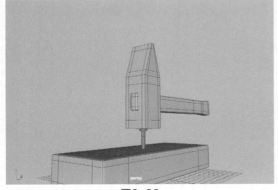

图2-99

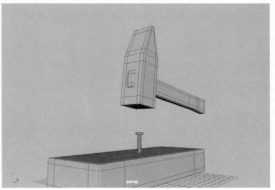

图2-100

第3章
绑定与约束动画

在Maya软件中，绑定操作与约束工具常常是密不可分的。在实际的动画制作过程中，几乎要给所有的角色模型设置大量的约束并对其进行绑定以便使接下来的动画制作流程易于操作。绑定操作可能不仅只限于各种各样的生物模型，还有可能是一组机械，又或是一本可以打开的书。本章就一步一步、由浅入深地学习相关知识及应用技巧。

3.1 实例：翻书动画

本实例中我通过"父子关系"制作一个翻书的动画，如图3-1所示为动画完成渲染效果。

图3-1

① 启动中文版Maya 2020软件，并打开本书配套资源"打开的书.mb"文件，场景中有一个设置了材质的图书模型，如图3-2所示。

② 选择场景中的书页模型，如图3-3所示。

③ 执行"变形" | "非线性" | "弯曲"命令，为书页模型添加一个弯曲控制柄，如图3-4所示。

④ 在"属性编辑器"面板中，调整弯曲控制柄的"旋转"属性，如图3-5所示。

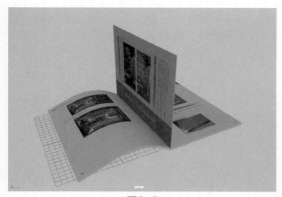

图3-2

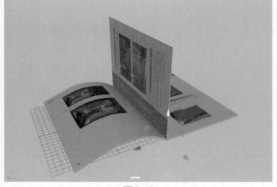

图3-3

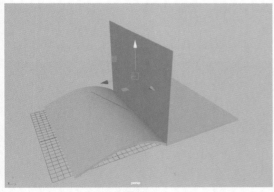

图3-4

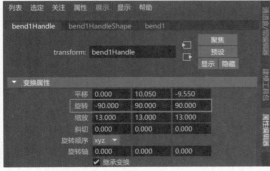

图3-5

05 展开"非线性变形器属性"卷展栏,设置"曲率"为–60,"上限"为0,如图3–6所示。这样,可以得到书页的弯曲效果,如图3–7所示。

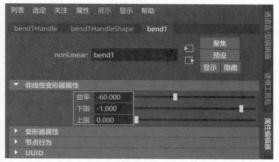

图3-6

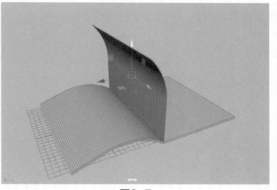

图3-7

06 在"通道盒/层编辑器"面板中,设置弯曲控制柄的"平移X"为13,"平移Y"为0,如图3–8所示,使得书页从底部开始产生弯曲效果,如图3–9所示。

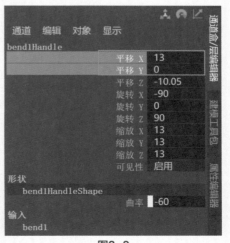

图3-8

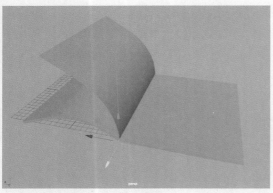

图3-9

⑦ 先选择弯曲控制柄，再加选书页模型，如图3-10所示。

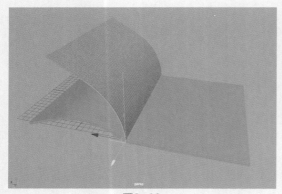

图3-10

⑧ 执行"编辑"|"建立父子关系"命令，如图3-11所示。将弯曲控制柄设置为书页模型的子对象。

⑨ 设置完成后，在"大纲视图"中可以看到弯曲控制柄与书页模型的结构关系，如图3-12所示。

图3-11

图3-12

⑩ 选择场景中的书页模型，在"通道盒/层编辑器"面板中，设置其"旋转X"为-42，如图3-13所示。

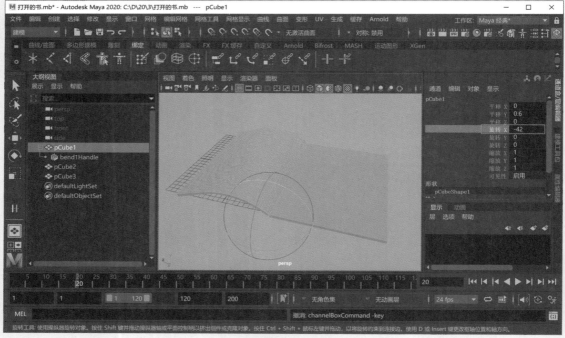

图3-13

⑪ 将时间滑块移动至第20帧，并为书页的"旋转X"属性设置关键帧，如图3-14所示。

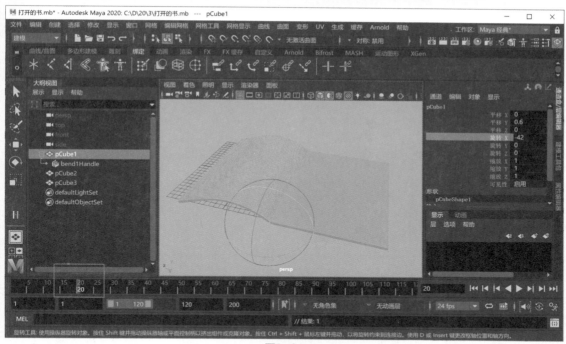

图3-14

⑫ 在第40帧位置，设置书页的"旋转X"为-180，并设置关键帧，如图3-15所示。

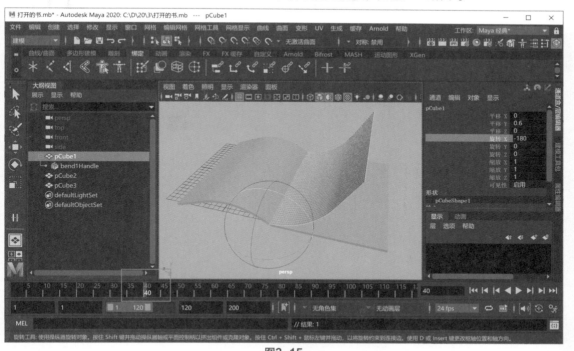

图3-15

⑬ 接下来，制作弯曲控制柄的动画。选择场景中的弯曲控制柄，在第20帧位置，为"旋转X"属性设置关键帧，如图3-16所示。

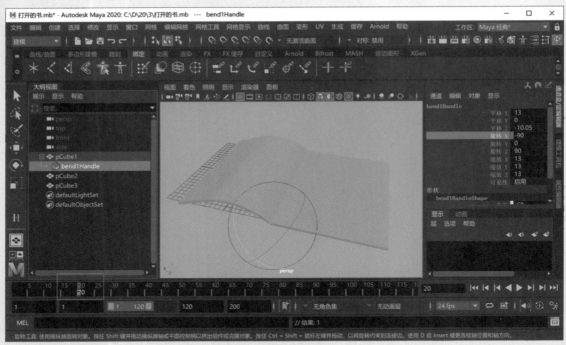

图3-16

⑭ 在第30帧位置，设置"旋转X"为−60，并为其设置关键帧，如图3−17所示，制作出书页一角卷起来的效果。

图3-17

⑮ 展开"非线性变形器属性"卷展栏，在第35帧位置，为"曲率"设置关键帧，如图3−18所示。

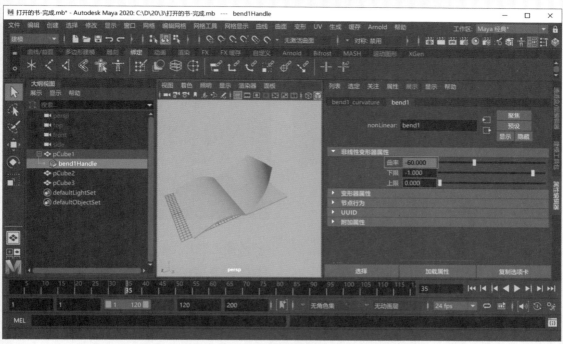

图3-18

⑯ 在第40帧位置,设置"曲率"为0,并为其设置关键帧,如图3-19所示。

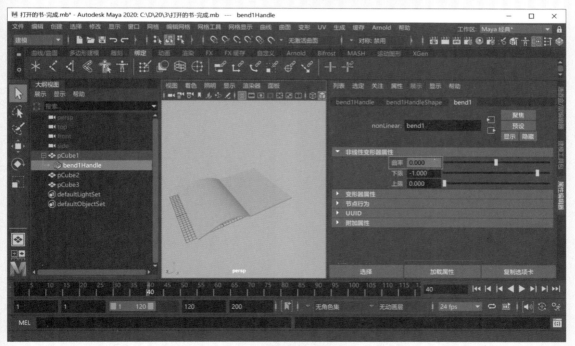

图3-19

⑰ 为"曲率"设置关键帧后,在时间滑块上看不到关键帧标记。将光标放置在"曲率"属性上并右击,在弹出的快捷菜单中选择bend1_curvature.output选项,如图3-20所示。

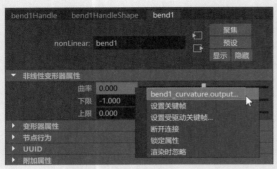

图3-20

图3-21

⑱ 切换至bend1_curvature选项卡，展开"动画曲线属性"卷展栏，即可看到为"曲率"属性设置的关键帧信息，如图3-21所示。

⑲ 设置完成后，播放场景动画，本实例的最终动画效果如图3-22所示。

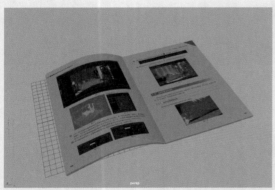

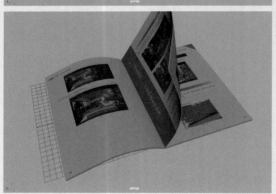

图3-22

3.2 实例：气缸运动动画

本实例通过综合运用"父子关系""父约束""目标约束"等，制作气缸运动的动画，最终完成效果如图3-23所示。

⑴ 启动中文版Maya 2020软件，打开本书配套资源"气缸.mb"文件，场景中有一组气缸的简易模型，如图3-24所示。

图3-23

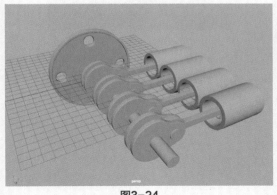

图3-24

02 场景中共有4个气缸，先设置好其中的一个气缸装置，再进行动画的制作。选择场景中的一个连杆模型，按住Shift键，加选场景中的与其配套的曲轴模型，如图3-25所示。

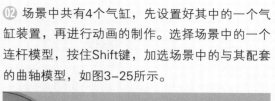

图3-25

03 按P键，将连杆模型设置为曲轴模型的子对象。设置完成后，旋转曲轴模型，可以看到连杆也会跟着旋转，如图3-26所示。

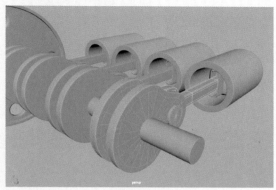

图3-26

04 单击"绑定"工具架中的"创建定位器"按钮，如图3-27所示。在场景中创建一个定位器。

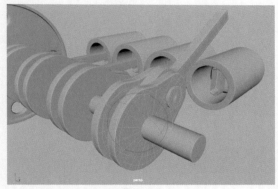

图3-27

05 先选择定位器，再加选场景中的气缸模型，执行"修改"|"对齐工具"命令，将定位器的位置与气缸模型对齐，如图3-28所示。

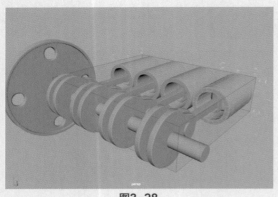

图3-28

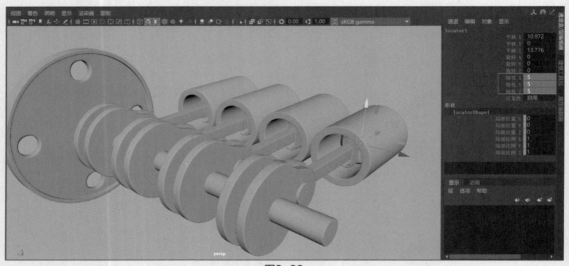

图3-29

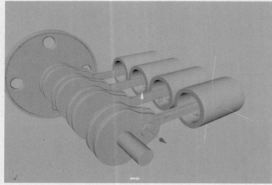

图3-30

图3-31

图3-32

06 为了方便观察，将定位器的"缩放X""缩放Y"和"缩放Z"都设置为5，如图3-29所示。

07 先选择定位器，再加选场景中与其对应的连杆模型，如图3-30所示。

08 单击"绑定"工具架中的"目标约束"按钮，如图3-31所示。为连杆模型设置约束关系，设置完成后，在"大纲视图"中可以看到连杆模型名称的下方出现一个约束节点，如图3-32所示。

09 旋转曲轴模型，可以看到连杆模型连接活塞模型的一侧会始终朝向气缸模型的方向，如图3-33所示。

10 按Z键，复原曲轴模型的旋转角度。先选择连杆模型，再加选场景中与其对应的活塞模型，如图3-34所示。

11 单击"绑定"工具架中的"父约束"按钮，如图3-35所示，为气缸模型设置约束。

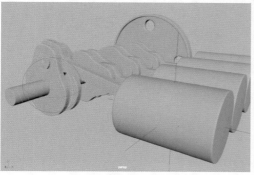

图3-33

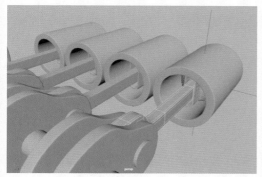

图3-34

图3-35

⑫ 设置完成后，在"大纲视图"中可以看到活塞模型的下方多了一个约束节点，如图3-36所示。

图3-36

⑬ 在场景中旋转曲轴模型，可以看到曲轴模型的旋转会带动连杆模型和气缸模型的运动，如图3-37所示。

⑭ 选择活塞模型，在"通道盒/层编辑器"面板中可以看到该模型的"平移X""平移Y""平移Z""旋转X""旋转Y"和"旋转Z"这6个属性都出现了蓝色方块标记，说明这些属性受到父约束的影响，如图3-38所示。

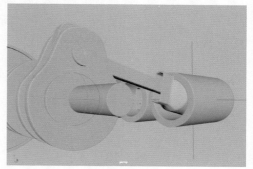

图3-37

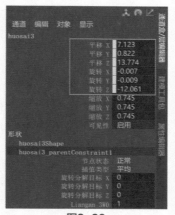

图3-38

⑮ 选择如图3-39所示的属性，右击，在弹出的快捷菜单中选择"断开连接"选项，取消这些属性的约束控制。这样，活塞模型仅X轴向上的平移会受连杆模型的影响，活塞模型只能在一个方向上运动。

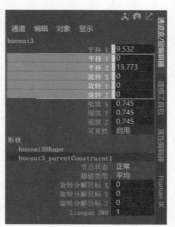

图3-39

⑯ 设置完成后，再次旋转曲轴模型，活塞模型和连杆模型的运动效果如图3-40所示。

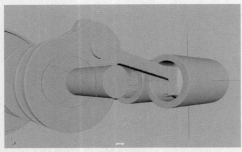

图3-40

⑰ 选择场景中的定位器，沿X轴向进行微调，以确保连杆模型不会出现穿透活塞模型的情况，如图3-41所示。这样，一个气缸的装置就制作完成了。

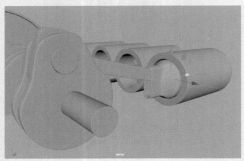

图3-41

⑱ 以同样的操作制作场景里其他3个活塞的动画装置后，调整中间的两个曲轴的旋转角度至如图3-42的状态所示。

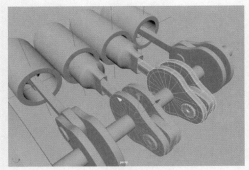

图3-42

⑲ 将4个曲轴模型和曲轴杆模型选中，再加选场景中的飞轮模型，按P键，对所选择的模型设置父子关系，如图3-43所示。

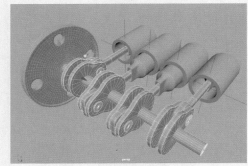

图3-43

⑳ 选择飞轮模型，在第1帧位置为其"旋转Z"属性设置关键帧，如图3-44所示。

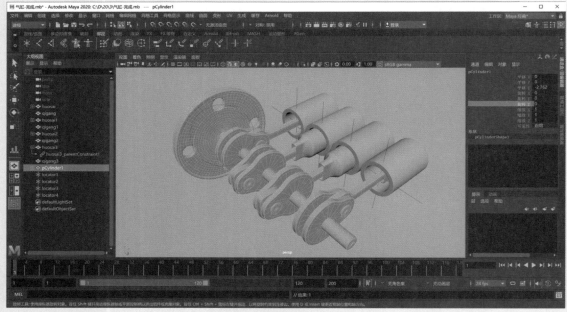

图3-44

㉑ 将时间滑块移动至第20帧，调整"旋转Z"为360，再次设置关键帧，如图3-45所示。

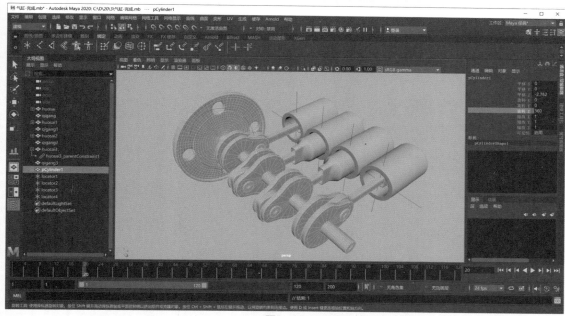

图3-45

㉒ 执行"窗口"|"动画编辑器"|"曲线图编辑器"命令，在弹出的"曲线图编辑器"中观察飞轮模型的动画曲线，如图3-46所示。

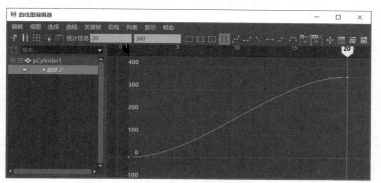

图3-46

㉓ 单击"线性切线"按钮，调整动画曲线至如图3-47所示的形态。

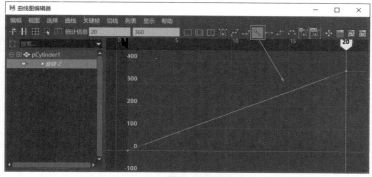

图3-47

㉔ 在"曲线图编辑器"中,执行"曲线"|"后方无限"|"循环"命令,如图3-48所示。

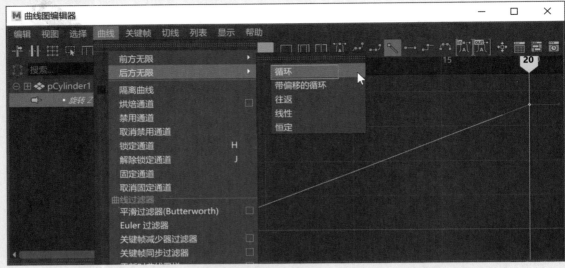

图3-48

㉕ 设置完成后,播放场景动画,最终动画效果如图3-49所示。

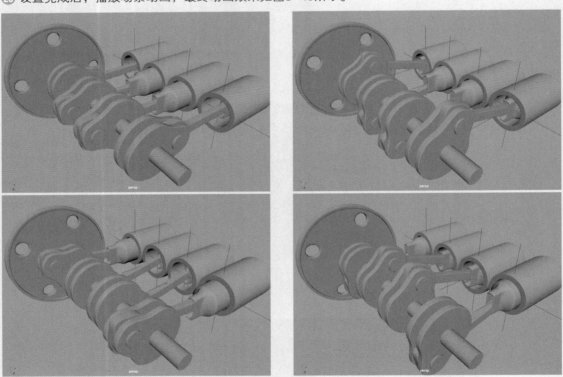

图3-49

3.3 实例: 蝴蝶飞舞动画

本实例使用"运动路径"约束制作蝴蝶飞舞的动画,如图3-50所示为最终完成效果。

图3-50

图3-51

图3-52

图3-53

01 启动中文版Maya 2020软件，打开本书配套资源"蝴蝶.mb"文件，场景中有一只蝴蝶的模型，如图3-51所示。

02 单击"绑定"工具架中的"创建定位器"按钮，如图3-52所示，在场景中创建一个定位器。

03 在"大纲视图"中，将蝴蝶模型设置为定位器的子对象，这样一个简单的绑定就制作完成了，如图3-53所示。

04 在第1帧位置，旋转蝴蝶的翅膀模型至如图3-54所示的角度。

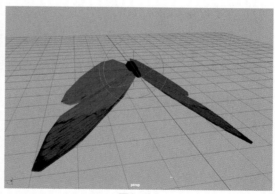

图3-54

05 在"通道盒/层编辑器"面板中，分别为蝴蝶的两个翅膀模型的"旋转Z"属性设置关键帧，如图3-55和图3-56所示。

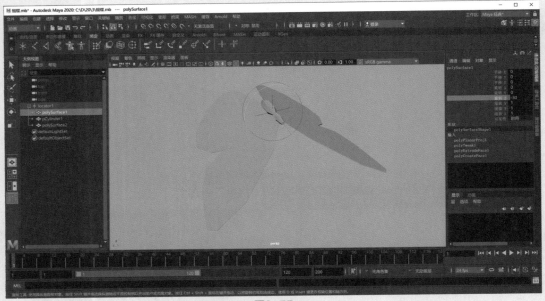

图3-55

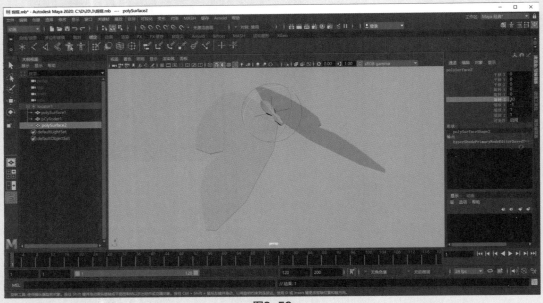

图3-56

06 在第12帧位置，旋转蝴蝶的翅膀模型至如
图3-57所示的角度，并分别再次设置关键帧，
如图3-58和图3-59所示。

图3-57

图3-58

图3-59

⑦ 接下来，为蝴蝶的翅膀设置动画循环效果。执行"窗口"|"动画编辑器"|"曲线图编辑器"命令，打开"曲线图编辑器"，如图3-60所示。

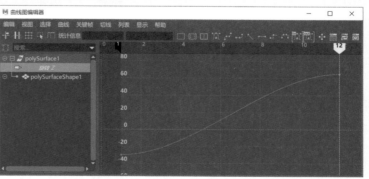

图3-60

⑧ 在"曲线图编辑器"中，执行"曲线"|"后方无限"|"往返"命令，如图3-61所示。设置完成后，拖动时间滑块，即可看到蝴蝶的翅膀有了不断来回扇动的动画效果。

图3-61

⑨ 单击"曲线/曲面"工具架中的"EP曲线工具"按钮，如图3-62所示。在场景中绘制一条曲线作为蝴蝶飞行的路径，如图3-63所示。

图3-62

图3-63

⑩ 选择定位器，再加选刚刚绘制的曲线，如图3-64所示。

图3-64

⑪ 执行"约束"|"运动路径"|"连接到运动路径"命令，使蝴蝶模型沿绘制的曲线移动，如图3-65所示。

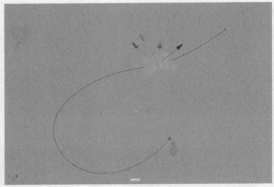

图3-65

⑫ 在默认状态下，蝴蝶的移动方向并非与路径相一致，需要修改蝴蝶的运动方向。在"属性编辑器"中切换至motionPath1选项卡，在"运动路径属性"卷展栏内，将"前方向轴"更改为Z，并勾选"反转前方向"复选框，如图3-66所示。

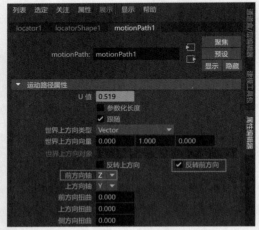

图3-66

⑬ 设置完成后，观察场景，可以看到蝴蝶模型的运动方向与路径的方向已经相匹配，如图3-67所示。

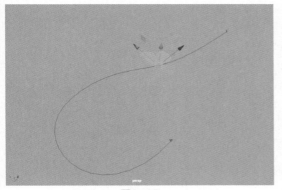

图3-67

图3-68

⑭ 执行"可视化"|"为选定对象生成重影"命令，还可以在场景中观察蝴蝶的运动重影效果，如图3-68所示。

⑮ 本实例的最终动画效果如图3-69所示。

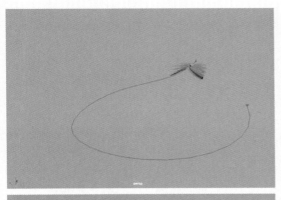

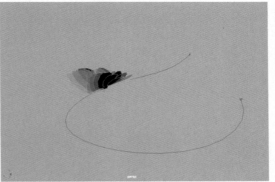

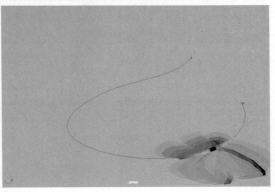

图3-69

⑯ 单击Arnold工具架中的Create Physical Sky（创建物理天空）按钮，如图3-70所示。

图3-70

⑰ 在Physical Sky Attributes（物理天空属性）卷展栏中，设置Intensity（强度）为4，如图3-71所示。

⑱ 在"渲染设置"对话框中，勾选Motion Blur（运动模糊）卷展栏内的Enable（启用），如图3-72所示。

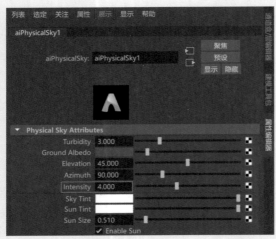

图3-71

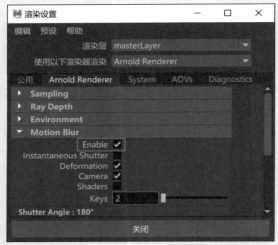

图3-72

⑲ 渲染场景,渲染结果如图3-73所示。

图3-73

3.4 实例:直升机飞行动画

本实例通过综合运用多种约束工具制作直升机飞行的动画,最终完成效果如图3-74所示。

图3-74

① 启动中文版Maya 2020软件,打开本书配套资源"直升机.mb"文件,场景有一架直升机的模型,如图3-75所示。

图3-75

⑫ 单击"绑定"工具架中的"创建定位器"按钮，如图3-76所示，在场景中创建定位器。

图3-76

⑬ 在"大纲视图"中，将直升机模型的各个组成部分均设置为定位器的子对象，如图3-77所示。

图3-77

⑭ 选择直升机上方的螺旋桨模型，如图3-78所示。

图3-78

⑮ 在"属性编辑器"中，展开"变换属性"卷展栏，将光标放置在"旋转"的Y属性上，右击，在弹出的快捷菜单中选择"创建新表达式"选项，如图3-79所示。

图3-79

⑯ 在"表达式编辑器"面板下方的"表达式"文本框内输入：

　　luoxuanjiang.rotateY=time*300

输入完成后，单击该面板下方左侧的"创建"按钮，如图3-80所示。

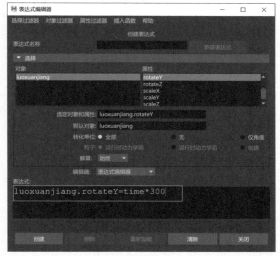

图3-80

⑰ 设置完成后，关闭"表达式编辑器"。播放场景动画，可以看到直升机的螺旋桨随着时间滑块的移动而旋转。单击"动画"工具架中的"重影"按钮，如图3-81所示。在视图中观察直升机螺旋桨因旋转产生的重影效果，如图3-82所示。

图3-81

图3-82

08 以同样的操作步骤为直升机尾部的螺旋桨模型设置旋转动画，效果如图3-83所示。

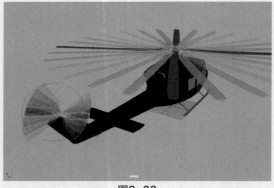

图3-83

09 单击"曲线/曲面"工具架中的"EP曲线工具"按钮，如图3-84所示。在"前视图"中绘制一条曲线作为直升机飞行的路径，如图3-85所示。

图3-84

10 先选择定位器，再加选曲线，执行"约束" | "运动路径" | "连接到运动路径"命令，使直升机模型沿绘制的曲线移动，如图3-86所示。

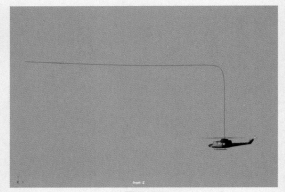

图3-85

图3-86

11 在默认状态下，直升机行进的方向并非与路径相一致，而且直升机上升时的方向也不正确，如图3-87所示。因为在默认状态下运动路径约束会影响被约束对象的"位移"和"旋转"属性。在"属性编辑器"面板中，可以看到这两个属性的背景色为黄色，如图3-88所示。

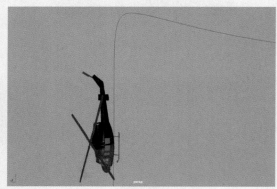

图3-87

12 在"运动路径属性"卷展栏中，取消勾选"跟随"复选框，如图3-89所示，即可解除运动路径约束对被约束对象的"旋转"影响。

图3-88

图3-89

⑬ 在"通道盒/层编辑器"面板中,将定位器的"旋转X""旋转Y"和"旋转Z"属性都设置为0,如图3-90所示,即可恢复直升机的初始方向。

图3-90

⑭ 设置完成后,播放场景动画,最终动画效果如图3-91所示。

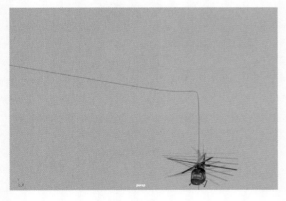

图3-91

3.5 实例：机器虫动画

本实例使用"铆钉"约束制作机器虫在地上翻滚前进的动画，如图3-92所示为本实例的动画完成渲染效果。

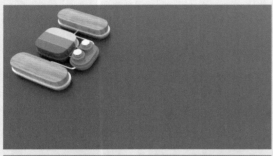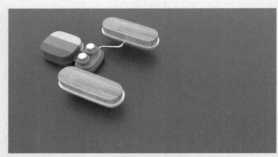

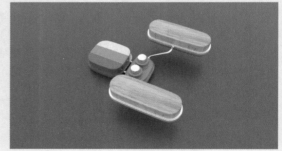

图3-92

01 启动中文版Maya 2020软件，打开本书配套资源"机器虫.mb"文件，场景中有一个机器虫模型，如图3-93所示。

02 场景中的机器虫模型由多个独立的零件模型组成。在制作动画之前，先对场景中的模型进行合理的约束设置，这样可以大大简化后面的动画制作及修改步骤。选择场景中的连杆模型，如图3-94所示。

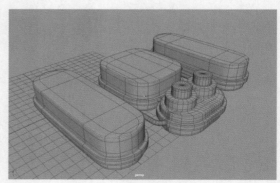

图3-93

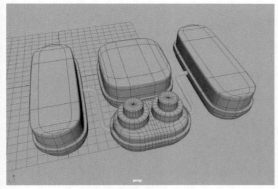

图3-94

③ 在"顶点选择"层级中，选择如图3-95所示的顶点。执行"约束"|"铆钉"命令，在所选择的顶点位置建立定位器，如图3-96所示。

图3-95

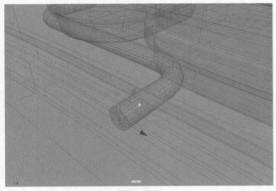

图3-96

④ 在场景中，先选择该定位器，再加选长条形状的机器虫腿部模型，如图3-97所示。

⑤ 单击"动画"工具架中的"父约束"按钮，如图3-98所示。在所选择的两个对象之间建立"父约束"关系。

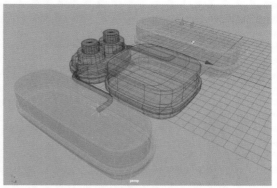

图3-97

图3-98

⑥ 选择腿部模型，在"通道盒/层编辑器"面板中选择"旋转X""旋转Y"和"旋转Z"属性，可以发现这3个属性有蓝色的方块标记，说明这3个属性受其他对象的约束影响，如图3-99所示。

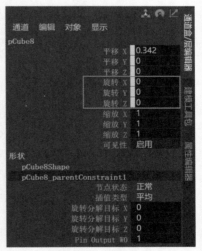

图3-99

⑦ 右击，在弹出的快捷菜单中选择"断开连接"选项，可以看到这3个属性的蓝色方块标记消失了，如图3-100所示。

⑧ 设置完成后，旋转连杆模型，腿部模型的约束效果如图3-101所示。

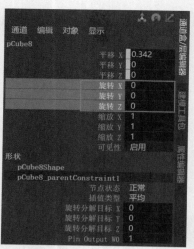

图3-100

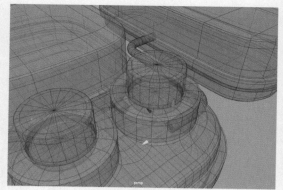

图3-103

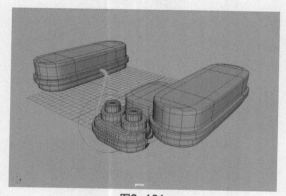

图3-101

09 选择连杆模型上如图3-102所示的顶点。

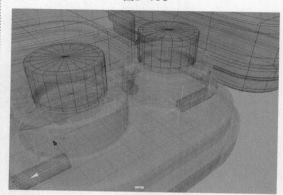

图3-104

12 先选择组成机器虫身体的各个部分,最后加选头部模型,如图3-105所示。按P键,为所选择的模型设置"父子关系"。

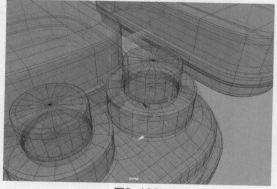

图3-102

10 执行"约束"|"铆钉"命令,在所选择的顶点位置建立定位器,如图3-103所示。

11 先选择刚创建的定位器,再加选机器虫的头部模型,如图3-104所示。以相同的操作步骤,将机器虫的头部模型约束至该定位器上,并取消其旋转属性的约束。

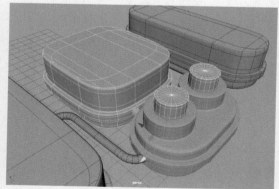

图3-105

13 接下来进行动画关键帧的设置。在第1帧位置,为连杆模型的"旋转X"属性设置关键帧,如图3-106所示。

14 在第20帧位置,将连杆模型的"旋转X"设置为-270,并设置关键帧,如图3-107所示。

Maya动画特效从新手到高手

图3-106

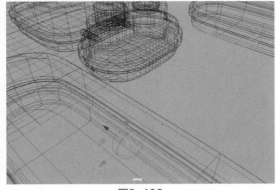

图3-107

⑮ 选择连杆模型，按快捷键Ctrl+G，创建组对象，并在"透视视图"中调整组对象的轴心点至如图3-108所示的位置。

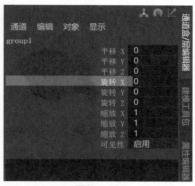

图3-108

⑯ 在第20帧位置，为组对象的"旋转X"设置关键帧，如图3-109所示。

⑰ 在第40帧位置，将组对象的"旋转X"设置为–180，并设置关键帧，如图3-110所示。

图3-109

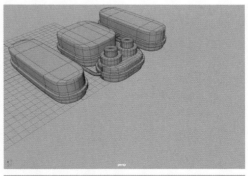

图3-110

⑱ 以同样的操作步骤设置多次后，播放动画，机器虫的向前翻滚动画效果就制作完成了，如图3-111所示。

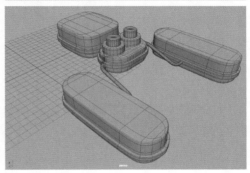

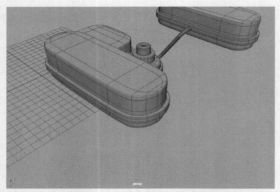

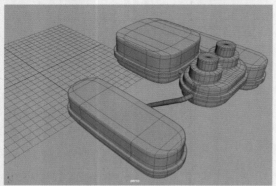

图3-111

3.6 实例: 汽车直线行驶动画

　　汽车在不同的行驶条件下产生的运动效果差异较大。比如，在雨雪天气中行驶，车轮可能因打滑而产生漂移效果；在沙地上行驶，可能会尘土飞扬；在凹凸不平的路面上行驶，会有明显的上下颠簸现象。在三维软件中制作汽车在不同行驶条件下的动画效果时，使用的工具和方法也是大不相同的。本实例制作汽车在笔直的公路上直线行驶的动画效果，如图3-112所示为本实例的动画完成渲染效果。

图3-112

① 启动中文版Maya 2020软件，打开本书配套资源"皮卡车.mb"文件，场景中有一辆已赋予材质皮卡车的模型，如图3-113所示。

图3-113

② 单击"曲线/曲面"工具架中的"NURBS方形"按钮，如图3-114所示。

③ 在"顶视图"中创建一个长方形图形，为了方便观察汽车模型，可以将视图切换至"使用默认材质"显示效果，如图3-115所示。

图3-114

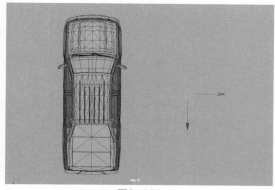

图3-115

④ 在"属性编辑器"面板中，设置长方形图形的"侧面长度1"为80，"侧面长度2"为220，如图3-116所示。

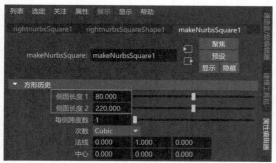

图3-116

⑤ 单击"曲线/曲面"工具架中的"NURBS圆形"按钮，如图3-117所示。在场景中创建一个圆形，如图3-118所示。

图3-117

⑥ 在"属性编辑器"面板中，设置圆形图形的"半径"为100，"次数"为Linear，"分段数"为3，如图3-119所示。这样，就得到了三角形。

⑦ 使用"对齐工具"将三角形与场景中的方形进行居中对齐，如图3-120所示。

⑧ 复制得到一个三角形，调整其位置和旋转角度至如图3-121所示的状态。

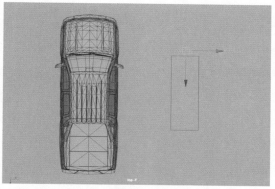

图3-118

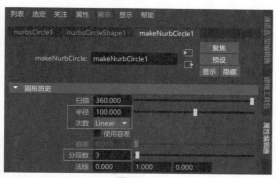

图3-119

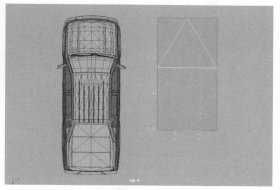

图3-120

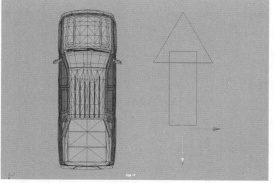

图3-121

⑨ 选择如图3-122所示的曲线，执行"曲线"|"剪切"命令，将多余的曲线删除，得到如图3-123的曲线。

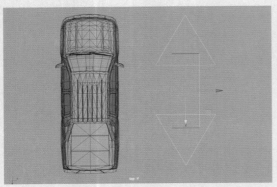
图3-122

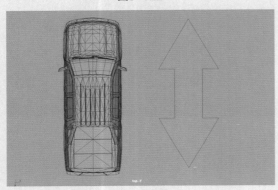
图3-123

⑩ 将所有曲线选中，单击"曲线/曲面"工具架中的"附加曲线"按钮，如图3-124所示。

图3-124

⑪ 在"附加曲线历史"卷展栏中，将"方法"设置为Connect，如图3-125所示。

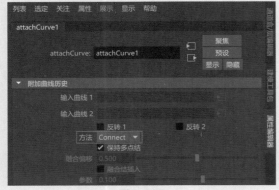
图3-125

⑫ 设置完成后，在"大纲视图"中选择多余的曲线并删除，仅保留刚刚合并生成的最后一根曲线即可，一个简单的双箭头图形就制作完成了，如图3-126所示。

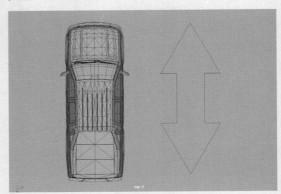
图3-126

⑬ 在"透视视图"中对双箭头图形的位置进行调整，如图3-127所示，接下来，使用它作为汽车前进的图形控制器。

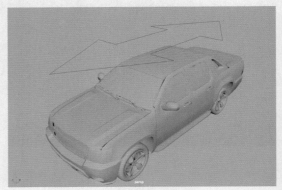
图3-127

⑭ 选择图形控制器，单击"多边形建模"工具架中的"冻结变换"按钮，如图3-128所示。将其"变换属性"中的"平移"和"旋转"设置为0，将"缩放"设置为1，如图3-129所示。

图3-128

⑮ 在"大纲视图"中，更改图形控制器的名称为kzq，以方便后期对其进行表达式设置。选择场景中构成汽车模型的所有多边形模型，并设置为图形控制器的子对象，如图3-130所示。

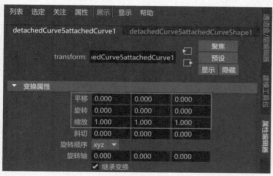

图3-129

图3-132

图3-130

⑯ 在"右视图"中创建圆形图形,并在"属性编辑器"面板中调整其"半径"为33.5,如图3-131所示。

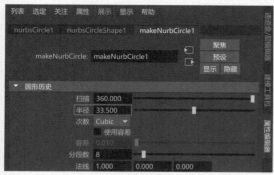

图3-131

⑰ 使用"对齐工具"将圆形与汽车前方的一个轮胎对齐,再沿X轴向微调其位置至如图3-132所示的状态。

⑱ 在"大纲视图"中,将圆形图形也设置为图形控制器的子对象,如图3-133所示。

图3-133

⑲ 选择图形控制器,将光标放置于"平移"属性的Z值上,右击,在弹出的快捷菜单中选择"创建新表达式"选项,在弹出的"表达式编辑器"对话框中将对应的表达式复制出来,如图3-134所示。

图3-134

⑳ 同理,找到代表圆形曲线半径的表达式,如图3-135所示。

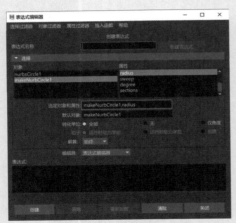

图3-135

㉑ 在圆形图形"旋转"属性的X值上右击，在弹出的快捷菜单中选择"创建新表达式"选项，如图3-136所示。

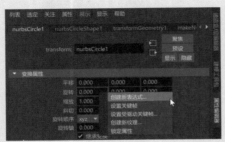

图3-136

㉒ 在弹出的"表达式编辑器"对话框中，在"表达式"文本框内输入：

nurbsCircle1.rotateX=kzq.translateZ/makeNurbCircle1.radius*180/3.14

如图3-137所示。

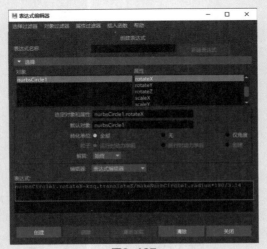

图3-137

㉓ 在场景中先选择圆形图形，再加选车轮模型，如图3-138所示。

图3-138

㉔ 单击"绑定"工具架中的"方向约束"按钮，如图3-139所示，使得车轮模型的旋转方向受圆形图形的旋转方向约束。

图3-139

㉕ 以同样的方法将其他3个车轮模型分别使用"方向约束"工具约束到圆形图形上。设置完成后，沿Z轴方向移动图形控制器，即可看到汽车模型在前进行驶的过程中，车轮也会产生相应的旋转，如图3-140所示。

图3-140

㉖ 在第1帧位置，选择图形控制器，在"通道盒/层编辑器"面板中为其"平移Z"属性设置关键帧，如图3-141所示。

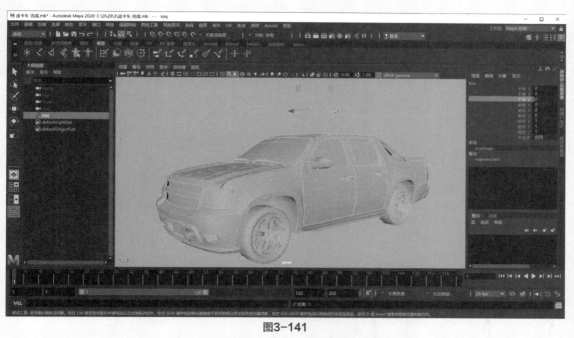

图3-141

㉗ 在第100帧位置，选择图形控制器，在"通道盒/层编辑器"面板中将"平移Z"设置为-700后，再次为该属性设置关键帧，如图3-142所示。

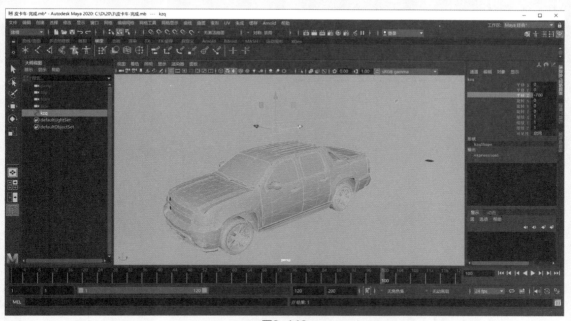

图3-142

㉘ 设置完成后，播放场景动画，一段汽车直线行驶的动画就制作完成了，如图3-143所示。

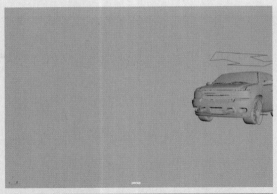

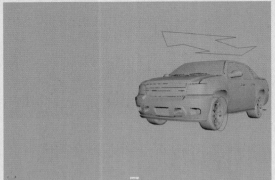

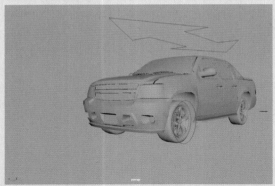

图3-143

3.7 实例：汽车曲线行驶动画

　　本实例讲解如何制作汽车在弯曲的公路上行驶的动画。曲线行驶动画会使用路径约束，所以使用的绑定技术及表达式与直线行驶动画有较大差别。如图3-144所示为本实例的动画完成渲染效果。

图3-144

① 启动中文版Maya 2020软件，打开本书配套资源"小汽车.mb"文件，场景中有一辆已赋予材质的小型汽车模型、几个图形控制器和一条弯

曲的路径，如图3-145所示。其中，图形控制器的制作方法可以参考3.6节。

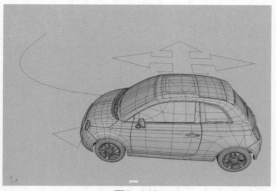

图3-145

02 在"大纲视图"中，将构成汽车的所有零件模型和汽车前方的箭头图形选中，设置为汽车顶部四箭头方向图形控制器的子对象，如图3-146所示。

03 先选择汽车前方的箭头图形控制器，再加选汽车前方左侧的车轮模型，如图3-147所示。

04 单击"绑定"工具架中的"方向约束"按钮，如图3-148所示。将车轮模型方向约束至箭头图形控制器上。

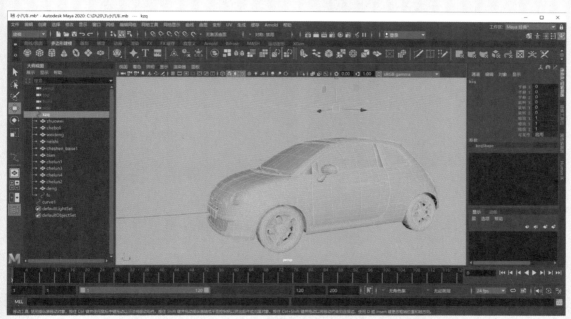

图3-146

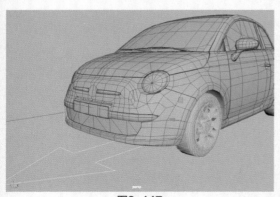

图3-147

图3-148

05 设置完成后，在"大纲视图"中可以观察到车轮模型名称下方多了一个方向约束对象，如图3-149所示。

06 选择车轮模型，在"通道盒/层编辑器"面板中，也可以看到"旋转X""旋转Y"和"旋转Z"属性会显示蓝色方形标记，说明这3个属性目前受到方向约束的影响，如图3-150所示。

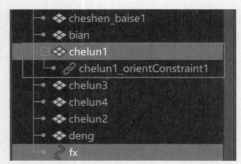

图3-149

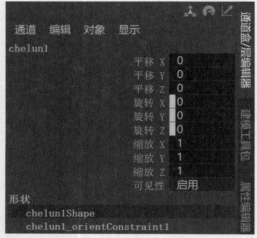

图3-150

07 在"通道盒/层编辑器"面板中，分别选择"旋转X"和"旋转Z"属性，右击，在弹出的快捷菜单中选择"断开连接"选项。设置完成后，只有"旋转Y"属性有蓝色的方形标记，也即仅需要箭头图形控制器影响车轮的"旋转Y"属性，如图3-151所示。

图3-151

08 使用相同的操作，为小汽车前方右侧的车轮模型设置方向约束。设置完成后，旋转箭头图形控制器，可以看到小汽车即将转弯时的车轮旋转状态，如图3-152所示。

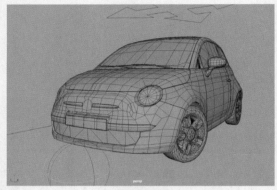

图3-152

09 先选择四箭头图形控制器，再加选路径曲线，执行"约束"|"运动路径"|"连接到运动路径"命令，可看到整辆小汽车模型跟随曲线产生位移和旋转，如图3-153所示。

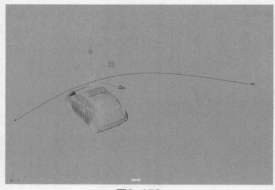

图3-153

10 通过观察，发现小汽车的运动方向不太正确。在"属性编辑器"面板中，将"前方向轴"设置为Z，并勾选"反转前方向"复选框，如图3-154所示。这样，小汽车的方向就正确了，如图3-155所示。

11 接下来，分别为4个车轮添加表达式以生成旋转动画效果。首先需要确定路径的长度，并将该值记录下来。执行"创建"|"测量工具"|"弧长工具"命令，测量路径的长度值，如图3-156所示。

Maya动画特效从新手到高手

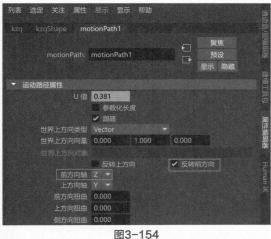

图3-154

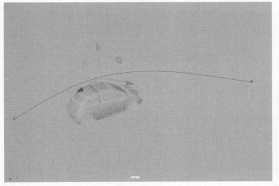

图3-155

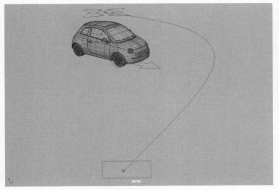

图3-156

⑫ 选择小汽车前方左侧的车轮模型,在"属性编辑器"面板中,将光标放置到"旋转"属性的X值上,右击,在弹出的快捷菜单中选择"创建表达式"选项,如图3-157所示。

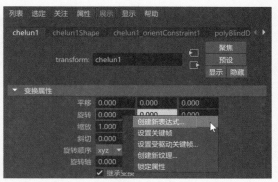

图3-157

⑬ 在"表达式编辑器"面板中的"表达式"文本框内输入:

chelun1.rotateX=−1093.66*motionPath1.uValue/29.5*180/3.14

输入完成后,可以单击该面板下方左侧的"创建"按钮,关闭该面板,如图3-158所示。

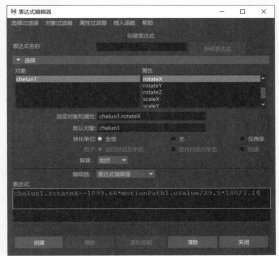

图3-158

⑭ 以相同的方法为其他3个车轮分别设置表达式以控制车轮的旋转。制作完成后,播放动画,在小汽车运动的同时,车轮会产生相应的旋转。

⑮ 最后,制作汽车在转弯时前方两个车轮的旋转动画。在第16帧位置,选择箭头图形控制器,为其"旋转Y"属性设置关键帧,如图3-159所示。

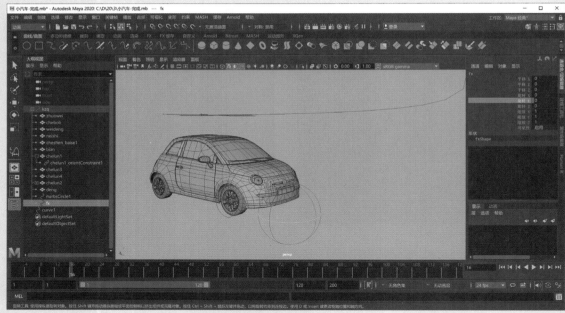

图3-159

⑯ 在第32帧位置，将其"旋转Y"设置为-25，并设置关键帧，如图3-160所示。

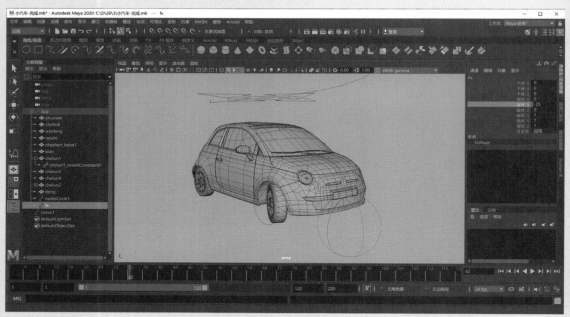

图3-160

⑰ 在第60帧位置，再次为"旋转Y"属性设置关键帧，如图3-161所示。

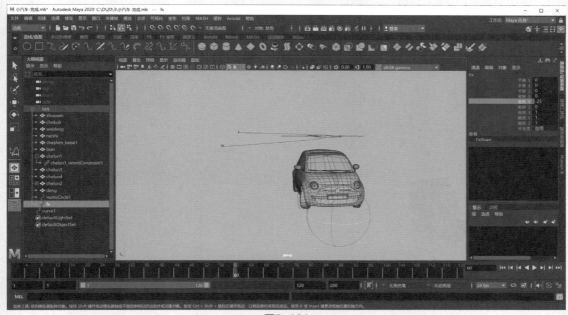

图3-161

⑱ 在第80帧位置，将其"旋转Y"设置为0，并设置关键帧，如图3-162所示。

图3-162

⑲ 设置完成后，播放动画，本实例的最终动画完成效果如图3-163所示。

01

02

03

04

05

06

07

08

图3-163

第4章
骨架动画

在大部分三维动画软件中，如果要驱使生物角色的身体产生动作，都得先为角色创建合适的骨架，再为骨架设置合适的IK，并将角色模型绑定到骨架上，在Maya中也是如此。本章通过几个实例讲解骨架方面的动画知识。关于骨架的工具在Maya软件的"骨架"菜单和"绑定"工具架中可以找到。

4.1 实例：鲨鱼游动动画

本实例制作鲨鱼游动的动画需要综合运用"创建关节""创建IK样条线控制柄""绑定蒙皮"等工具，如图4-1所示为本实例的动画完成渲染效果。

图4-1

① 启动中文版Maya 2020软件，并打开本书配套资源"鲨鱼.mb"文件，场景中有一只鲨鱼的模型和一条曲线，如图4-2所示。

② 单击"绑定"工具架中的"创建关节"按钮，如图4-3所示。

③ 将视图切换至"右视图"，如图4-4所示。

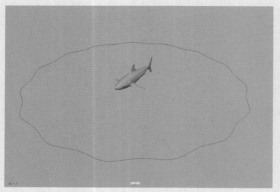

图4-2

图4-3

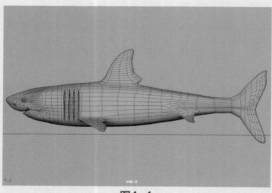

图4-4

04 在"右视图"中创建鲨鱼头部的骨架，如图4-5所示。

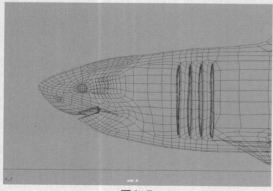

图4-5

05 单击"绑定"工具架中的"创建关节"按钮，创建鲨鱼颈部到尾巴的骨架，如图4-6所示。

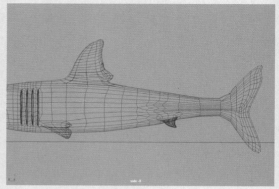

图4-6

06 将视图切换至"顶视图"，创建用于控制鲨鱼两侧胸鳍部位的骨架，如图4-7所示。

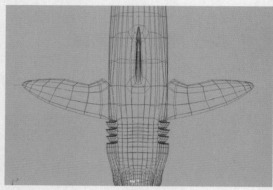

图4-7

07 在"前视图"中，微调胸鳍部位骨架的位置至如图4-8所示的状态。

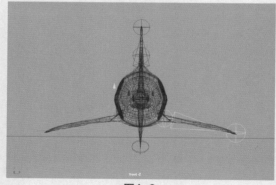

图4-8

08 骨架调整完成后，选择骨架对象，再加选鲨鱼模型，如图4-9所示。

09 单击"绑定"工具架中的"绑定蒙皮"按钮，如图4-10所示。

10 设置完成后，可以看到骨架的颜色发生了变化，如图4-11所示。

Maya动画特效从新手到高手

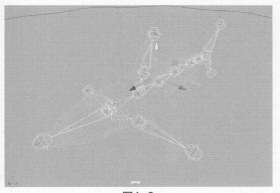

图4-9

图4-10

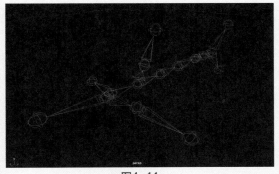

图4-11

⑪ 选择场景中的鲨鱼模型，在"属性编辑器"面板中的"变换属性"卷展栏内，其"平移""旋转"和"缩放"属性都呈锁定状态，如图4-12所示。

图4-12

⑫ 执行"骨架"|"创建IK样条线控制柄"命令，并单击命令右侧的方块按钮，如图4-13所示。

⑬ 在打开的"工具设置"对话框中，取消勾选"根在曲线上"和"自动创建曲线"复选框，如

图4-14所示。

图4-13

图4-14

⑭ 设置完成后，执行"骨架"|"创建IK样条线控制柄"命令，先单击控制鲨鱼颈部的关节，再单击控制鲨鱼尾部的关节，最后单击场景中的曲线，这样就在所选择的鲨鱼骨架上创建了IK控制柄，如图4-15所示。

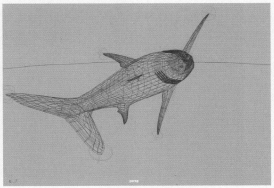

图4-15

⑮ 为鲨鱼设置游动动画。先选择用于控制鲨鱼颈部的骨架，再加选场景中的曲线，执行"约束"|"运动路径"|"连接到运动路径"命令，即可看到鲨鱼模型被约束到路径曲线上，如图4-16所示。

图4-16

⑯ 选择曲线，先将系统自动生成的关键帧删除，以便重新为鲨鱼的游动设置关键帧。在第1帧位置，设置"U值"为0.9，并设置关键帧，如图4-17所示。

⑰ 在第120帧位置，设置"U值"为0.6，并设置关键帧，如图4-18所示。

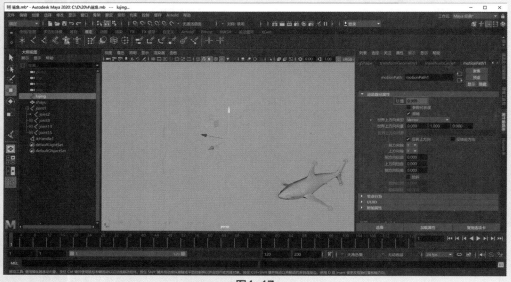

图4-17

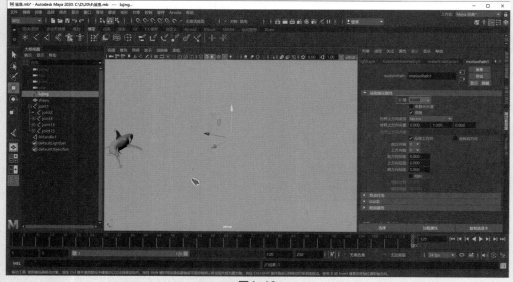

图4-18

⑱ 设置完成后，播放场景动画，本实例的最终
动画效果如图4-19所示。

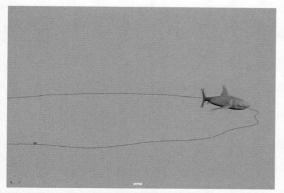

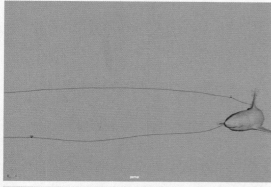

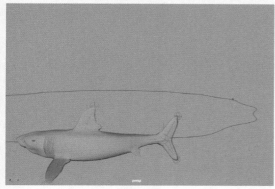

图4-19

4.2 实例：蛇爬行动画

本实例制作蛇在地面爬行的动画，如图4-20所
示为本实例的动画完成渲染效果。

图4-20

① 启动中文版Maya 2020软件，打开本书配套
资源"蛇.mb"文件，场景中只有一条蛇的模
型，如图4-21所示。

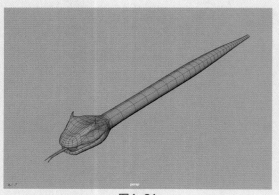

图4-21

02 单击"绑定"工具架中的"创建关节"按钮,如图4-22所示。

图4-22

03 先在"右视图"中创建蛇头部的骨架,如图4-23所示。

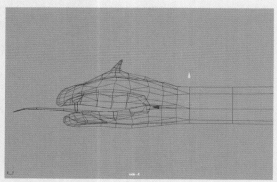

图4-23

04 再次单击"绑定"工具架中的"创建关节"按钮,创建蛇颈部到尾巴的骨架,如图4-24所示。

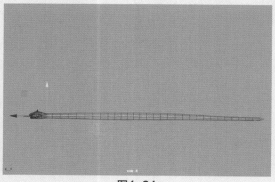

图4-24

05 先选择骨架对象,再加选蛇模型,如图4-25所示。

图4-25

06 单击"绑定"工具架中的"绑定蒙皮"按钮,如图4-26所示,即可对蛇模型进行蒙皮操作,如图4-27所示。

图4-26

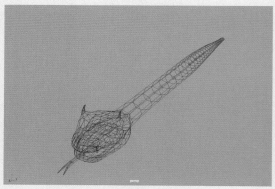

图4-27

07 执行"骨架"|"创建IK样条线控制柄"命令,先单击控制蛇颈部的关节,再单击控制蛇尾部的最后一个关节,这样就在所选择的蛇骨架上创建了IK控制柄,如图4-28所示。

08 在"大纲视图"中,可以看到场景中多了一个IK控制柄对象和一条曲线,如图4-29所示。

09 选择刚刚生成的曲线,其"控制顶点"的数量在默认状态下较少,如图4-30所示。现在需要重建该曲线。

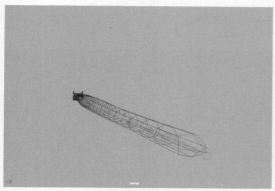

图4-28

图4-29

图4-30

⑩ 双击"曲线/曲面"工具架中的"重建曲线"按钮，如图4-31所示。

图4-31

⑪ 在弹出的"重建曲线选项"对话框中，设置"跨度数"为10，然后单击"重建"按钮，如图4-32所示。这样，重建的曲线的"控制顶点"数量会增多，如图4-33所示。

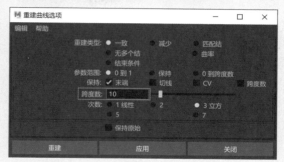

图4-32

图4-33

⑫ 执行"变形"|"非线性"|"正弦"命令，为所选择的曲线添加正弦控制柄，如图4-34所示。

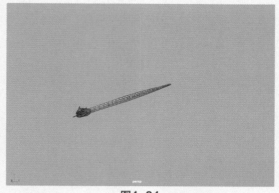

图4-34

⑬ 在"属性编辑器"面板中，调整"旋转"的X值为90，如图4-35所示。

⑭ 在"非线性变形器属性"卷展栏中，设置"振幅"为0.1，"波长"为0.8，如图4-36所示。

⑮ 场景中蛇的形态产生了扭曲的效果，如图4-37所示。

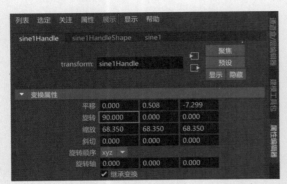

图4-35

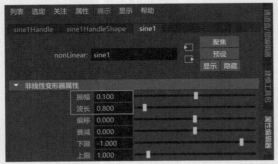

图4-36

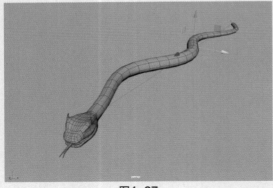

图4-37

⑯ 选择曲线，执行"变形"|"非线性"|"弯曲"命令，为曲线添加弯曲控制柄，如图4-38所示。

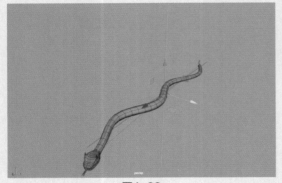

图4-38

⑰ 在"属性编辑器"面板中，设置"旋转"属性，如图4-39所示。

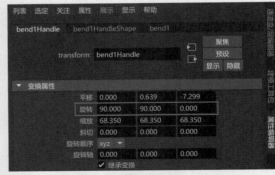

图4-39

⑱ 在"非线性变形器属性"卷展栏中，设置"曲率"为-40，如图4-40所示。

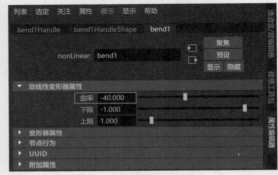

图4-40

⑲ 场景中蛇的形态因受弯曲控制柄的影响而发生改变，如图4-41所示。

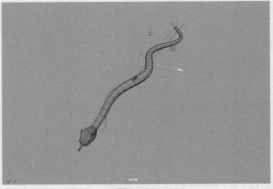

图4-41

⑳ 接下来，设置动画关键帧以使蛇的身体不断产生扭动效果。选择正弦控制柄，在第1帧位置，为"偏移"设置关键帧，如图4-42所示。

Maya动画特效从新手到高手

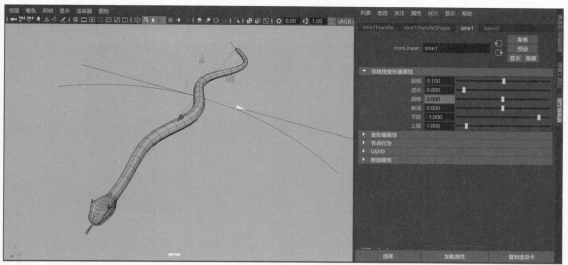

图4-42

㉑ 在第120帧位置，设置"偏移"为5，并设置关键帧，如图4-43所示。

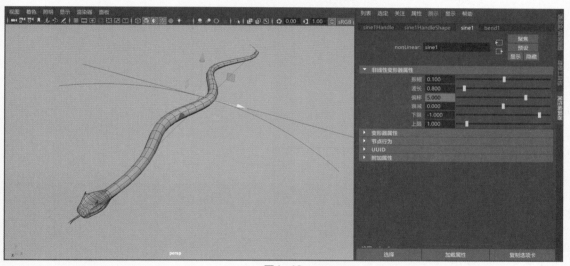

图4-43

㉒ 设置完成后，打开"曲线图编辑器"，查看"偏移"属性的动画曲线，如图4-44所示。

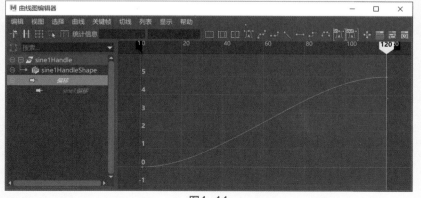

图4-44

㉓ 选择动画曲线，并单击"线性切线"按钮，将曲线的形态更改为如图4-45所示的效果。

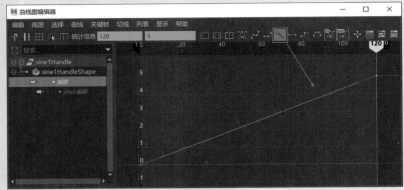

图4-45

㉔ 选择曲线，暂时将其他对象隐藏。选择如图4-46所示的控制顶点。

图4-46

㉕ 执行"变形"|"簇"命令，为所选择的控制顶点添加簇对象，如图4-47所示。

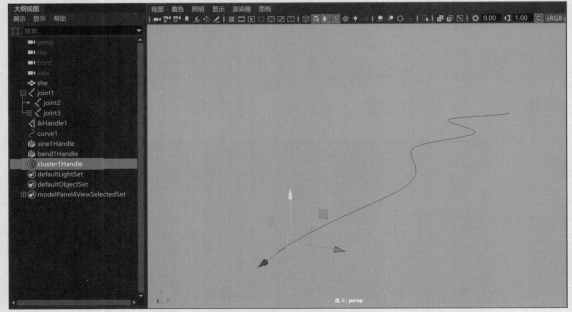

图4-47

㉖ 由于簇对象在场景中较小，极不容易选择。在场景中创建一个圆形图形，并调整其大小、方向和位置至如图4-48所示的状态。

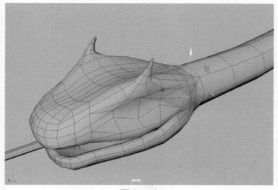

图4-48

㉗ 在"大纲视图"中，将簇设置为圆形图形的子对象，如图4-49所示。

图4-49

㉘ 通过调整圆形图形控制器的位置可以使蛇的头部稍微扬起一些，如图4-50所示。

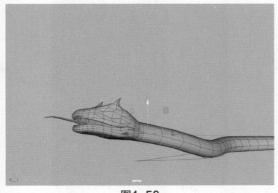

图4-50

㉙ 本实例的最终动画效果如图4-51所示。

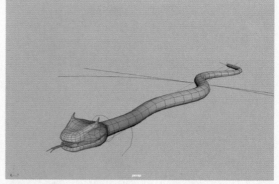

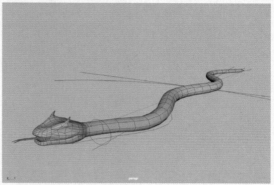

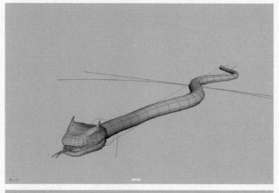

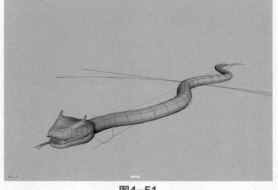

图4-51

4.3 实例：角色快速绑定

本实例使用"快速绑定"工具绑定人物角色模型，如图4-52所示为本实例的最终完成效果。

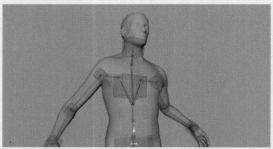

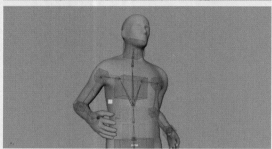

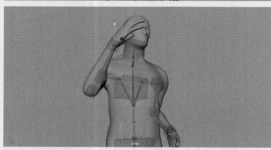

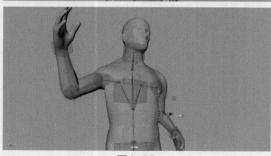

图4-52

① 打开本书配套资源"角色.mb"文件，场景中有一个简易的人体角色模型，如图4-53所示。

② 单击"绑定"工具架中的"快速绑定"按钮，如图4-54所示。

③ 在弹出的"快速绑定"对话框中，将快速绑定的方式设置为"分步"，如图4-55所示。

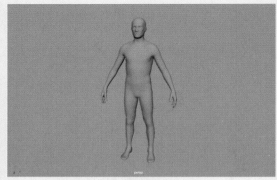

图4-53

图4-54

图4-55

④ 单击"创建新角色"按钮，激活"快速绑定"对话框中的选项，如图4-56所示。

图4-56

Maya动画特效从新手到高手

80

⑤ 选择场景中的角色模型，在"几何体"卷展栏内，单击"添加选定的网格"按钮，将场景中选择的角色模型添加至下方的文本框中，如图4-57所示。

图4-57

⑥ 在"导向"卷展栏内，设置"分辨率"为512，在"中心"卷展栏内，设置"颈部"为2，如图4-58所示。

图4-58

⑦ 设置完成后，单击"导向"卷展栏内的"创建/更新"按钮，即可在"透视视图"中看到角色模型上添加了多个导向，如图4-59所示。

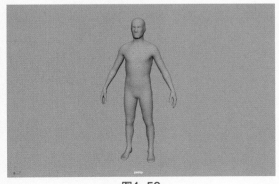

图4-59

⑧ 在"透视视图"中，仔细观察默认状态下生成的导向，可以发现手肘处的导向位置略低一些，需要调整其位置。选择手肘处的导向，先将其中一个调整至如图4-60所示的位置。

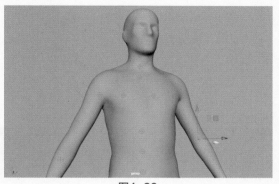

图4-60

⑨ 展开"用户调整导向"卷展栏，单击"从左到右镜像"按钮，如图4-61所示，将其位置对称至另一侧的手肘导向。

图4-61

⑩ 调整导向完成后，展开"骨架和装备生成"卷展栏，单击"创建/更新"按钮，即可在"透视视图"中根据之前所调整的导向位置生成骨架，如图4-62所示。

⑪ 展开"蒙皮"卷展栏，单击"创建/更新"按钮，即可为当前角色创建蒙皮，如图4-63所示。

⑫ 设置完成后，角色的快速装备操作就结束了，可以通过Human IK面板中的图例快速选择角色的骨骼并调整角色的姿势，如图4-64所示。

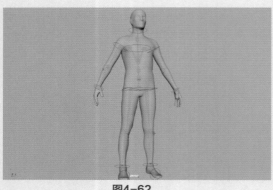

图4-62

图4-63

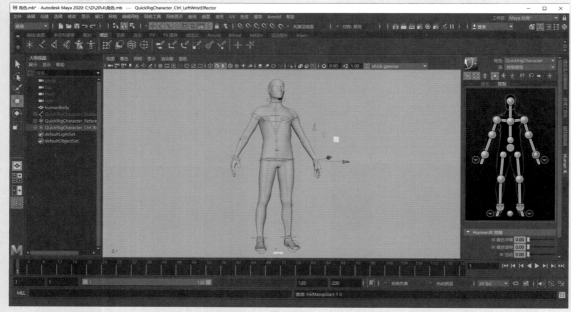

图4-64

⑬ 单击Human IK面板中的"显示/隐藏IK"按钮,可以控制是否在场景中显示用于控制角色的图形控制器,如图4-65所示。

⑭ 单击Human IK面板中的"显示/隐藏FK"按钮,可以控制是否在场景中显示角色的FK关节,如图4-66所示。

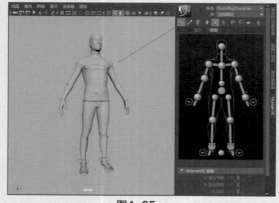

图4-65

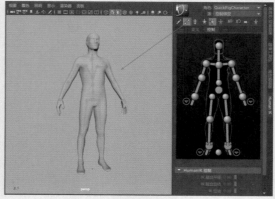

图4-66

⑮ 单击Human IK面板中的"显示/隐藏骨架"按钮,可以控制是否在场景中显示角色的骨架,如图4-67所示。

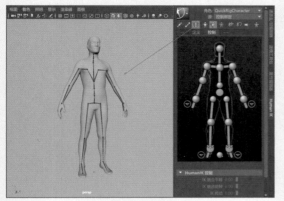
图4-67

⑯ 单击"身体部位"按钮后,移动角色手腕部分的图形控制器,不会对角色的身体部分产生影响,如图4-68所示。

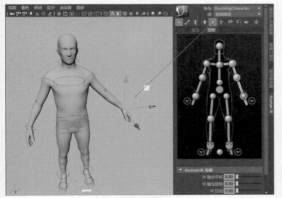
图4-68

⑰ 单击"全身"按钮后,移动角色手腕部分的图形控制器,则会影响角色的身体动作,如图4-69所示。

⑱ 此外,Maya还提供了"线条""连杆"和"长方体"这3种绑定外观,如图4-70~图4-72所示分别为这3种绑定外观的视图显示效果。

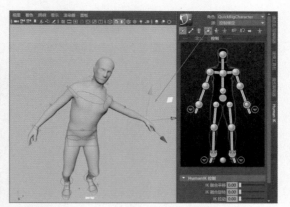
图4-69

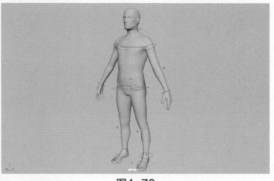
图4-70

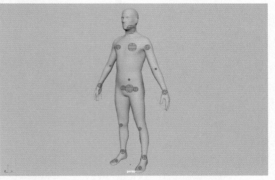
图4-71

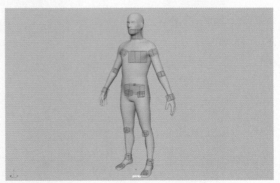
图4-72

第4章 骨架动画

⑲ 本实例的最终装备效果如图4-73所示。

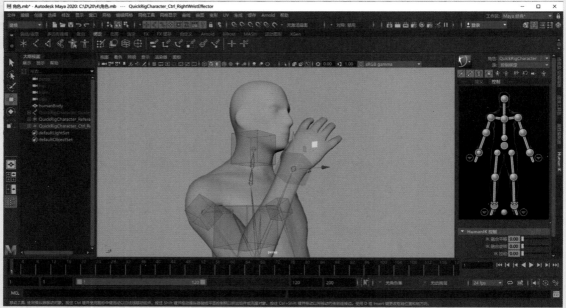

图4-73

第5章
粒子动画

粒子特效是众多影视特效的重要组成部分，无论是烟雾特效、爆炸特效、光特效，还是群组动画特效，都可以看到粒子特效的影子，粒子特效是融合在这些特效当中的粒子特效与其他特效不可分割，却又自成一体。

5.1 实例：树叶飘落动画

本实例使用"n粒子"制作树叶飘落动画，如图5-1所示为本实例的动画完成渲染效果。

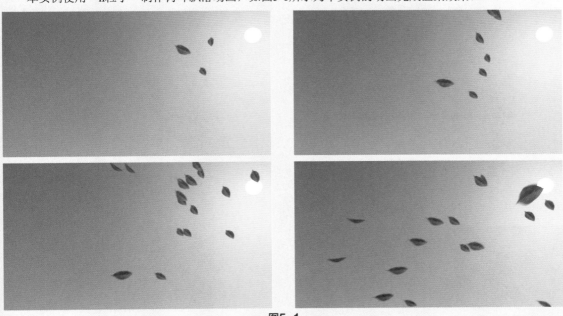

图5-1

① 启动中文版Maya 2020软件，打开本书配套资源"叶片.mb"文件，如图5-2所示。场景中有一个已添加叶片材质的树叶模型。

② 单击FX工具架中的"发射器"按钮，如图5-3所示，可在场景中创建一个n粒子发射器、一个n粒子对象和一个力学对象。

③ 在"大纲视图"中可以查看这3个对象，如图5-4所示。

图5-2

图5-3

图5-4

04 在"大纲视图"中选择n粒子发射器,在"属性编辑器"面板中,设置"发射器类型"为Volume,设置"速率(粒子/秒)"为6,如图5-5所示。

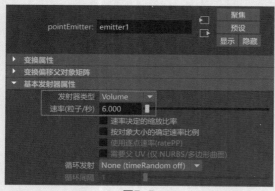

图5-5

05 在"变换属性"卷展栏中,对n粒子发射器的"平移"和"缩放"属性进行调整,如图5-6所示。

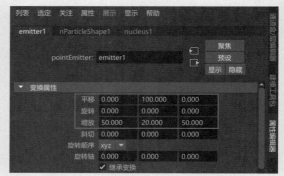

图5-6

06 播放场景动画,粒子的运动效果如图5-7所示。

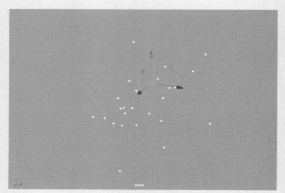

图5-7

07 先选择场景中的树叶模型,再加选场景中的粒子对象,执行nParticle|"实例化器"命令,如图5-8所示。

图5-8

08 在视图中,所有的粒子形态都变成了树叶模型,如图5-9所示。

09 在"大纲视图"中选择力学对象,在"属性编辑器"面板中,调整"风速"为50,"风噪波"为1,如图5-10所示,为粒子添加风吹的效果。

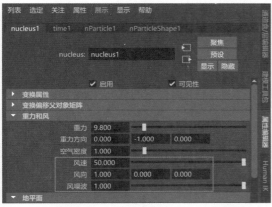

图5-9

图5-10

⑩ 播放动画，场景中的树叶粒子方向都是一样的，看起来非常不自然，如图5-11所示。

图5-12

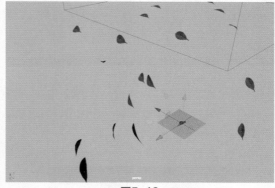

图5-13

图5-14

⑭ 在"属性编辑器"面板中，设置灯光的Intensity为4，增加灯光的照明强度。设置Sun Size为3，增加太阳的半径大小，如图5-15所示。

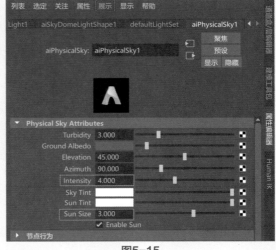

图5-11

⑪ 展开"旋转选项"卷展栏，设置"旋转"为"位置"，如图5-12所示。

⑫ 再次播放动画，场景中的树叶粒子方向看起来自然多了，如图5-13所示。

⑬ 单击Arnold工具架中的Create Physical Sky按钮，为场景添加物理天空灯光，如图5-14所示。

图5-15

⑮ 选择一个合适的仰视角度，渲染场景，渲染结果如图5-16所示。

图5-16

⑯ 打开"渲染设置"对话框，展开Motion Blur卷展栏，勾选Enable复选框，如图5-17所示，开启运动模糊计算。

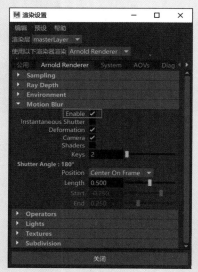

图5-17

⑰ 再次渲染场景，本实例的最终渲染结果如图5-18所示。

图5-18

本实例使用"n粒子"制作粒子汇聚成文字的动画，如图5-19所示为本实例的动画完成渲染效果。

图5-19

⑴ 启动中文版Maya 2020软件，打开本书配套资源"地面.mb"文件，如图5-20所示，场景中只有一个地面模型。

Maya动画特效从新手到高手

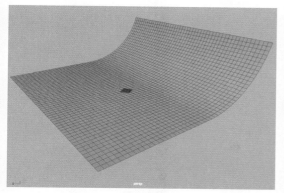

图5-20

② 在"多边形建模"工具架中，单击"多边形类型"按钮，如图5-21所示，可在场景中创建一个文字模型，如图5-22所示。

图5-21

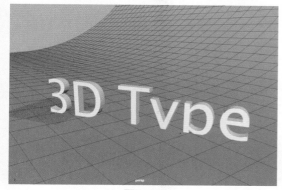

图5-22

③ 在"属性编辑器"面板中，设置文字的显示内容为MAYA，并调整"字体大小"为10，如图5-23所示。

④ 选择文字模型，执行nParticle | "填充对象"命令，并单击命令右侧的方块按钮，如图5-24所示。

⑤ 在弹出的"粒子填充选项"对话框中，设置"分辨率"为100，并单击"粒子填充"按钮，如图5-25所示。

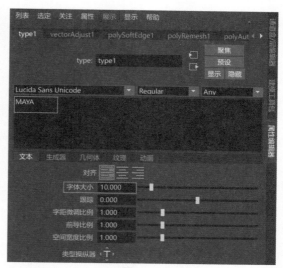

图5-23

图5-24

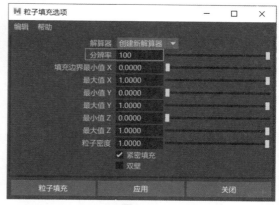

图5-25

⑥ 粒子填充完成后，将视图设置为"线框"显示，观察粒子在文字模型中的填充情况，如图5-26所示。

⑦ 将文字模型隐藏后，选择粒子，在"属性编辑器"面板中，设置"粒子渲染类型"为Spheres，如图5-27所示。

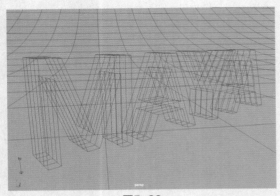

图5-26

图5-27

08 观察场景，场景中的粒子呈球体形状显示，如图5-28所示。

图5-28

09 播放场景动画，在默认状态下，粒子因受重力影响会产生下落并穿透地面模型的动画效果，如图5-29所示。

10 选择地面模型，单击FX工具架中的"创建被动碰撞对象"按钮，如图5-30所示，可为粒子与地面之间建立碰撞关系。

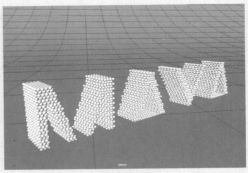

图5-29

图5-30

11 展开"碰撞"卷展栏，设置"厚度"为0，如图5-31所示。

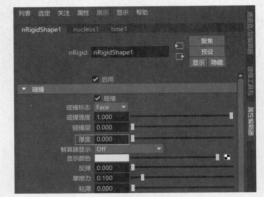

图5-31

12 再次播放动画，这次地面会阻挡正在下落的粒子，如图5-32所示。

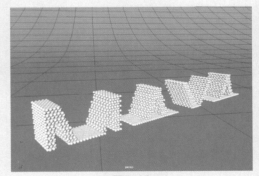

图5-32

13 选择粒子对象，在"属性编辑器"面板中，展开"碰撞"卷展栏，勾选"自碰撞"复选框，如图5-33所示。

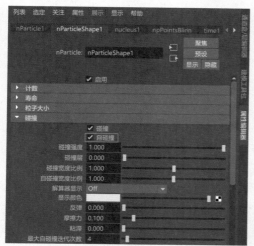

图5-33

⑭ 播放场景动画，这次可以看到粒子之间产生了碰撞，在地面上会呈现四下散开的效果，如图5-34~图5-37所示。

⑮ 选择粒子对象，单击"FX缓存"工具架中的"创建缓存"按钮，如图5-38所示。

⑯ 创建缓存完成后，在"属性编辑器"面板中，在"缓存文件"卷展栏中勾选"反向"复选框，如图5-39所示。

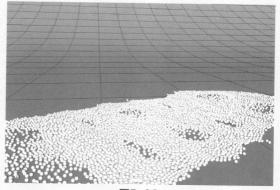

图5-36

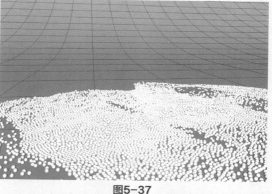

图5-37

图5-38

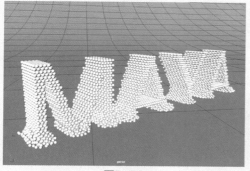

图5-34

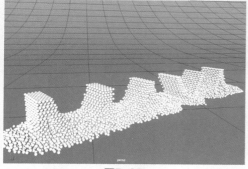

图5-35

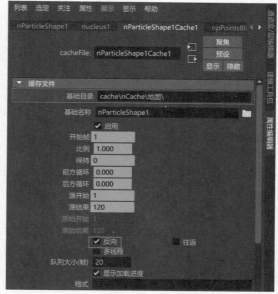

图5-39

⑰ 再次播放场景动画。散落在地面上的粒子慢慢汇聚成文字，如图5-40所示。

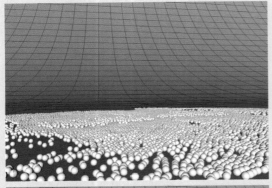

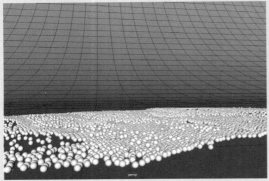

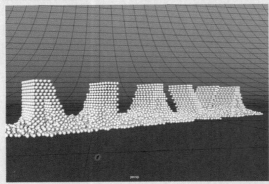

图5-40

⑱ 选择粒子，单击"渲染"工具架中的"标准曲面材质"按钮，如图5-41所示，为粒子添加材质。

图5-41

⑲ 在"属性编辑器"面板中，展开"基础"卷展栏，设置粒子的"颜色"为红色。展开"镜面反射"卷展栏，设置"权重"为1，"粗糙度"为0.05，如图5-42所示。

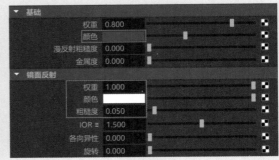

图5-42

⑳ 单击Arnold工具架中的Create SkyDome Light按钮，如图5-43所示，在场景中创建天光。

图5-43

㉑ 在"属性编辑器"面板中，设置Intensity为2，如图5-44所示。

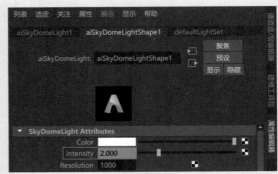

图5-44

㉒ 在"渲染设置"对话框中，展开Motion Blur卷展栏，勾选Enable复选框，开启运动模糊计算，如图5-45所示。

Maya动画特效从新手到高手

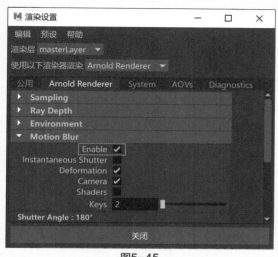

图5-45

㉓ 设置完成后，渲染场景，本实例的渲染效果如图5-46所示。

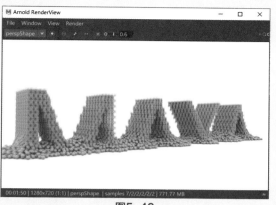

图5-46

5.3 实例：虫子消散动画

本实例使用"n粒子"制作虫子被风吹散的动画，如图5-47所示为本实例的动画完成渲染效果。

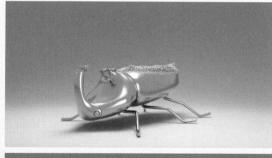

图5-47

① 启动中文版Maya 2020软件，打开本书配套资源"虫子.mb"文件，如图5-48所示。场景中有一个地面和一只虫子模型。

② 场景中已经设置好材质和灯光，渲染场景，渲染结果如图5-49所示。

③ 下面制作虫子一点点消失的动画效果。选择虫子模型，单击"渲染"工具架中的"编辑材质属性"按钮，如图5-50所示。这样可以快速在"属性编辑器"面板中显示所选模型的材质选项卡。

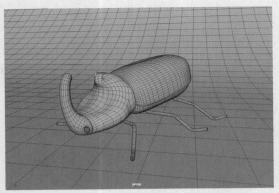

图5-48

图5-49

图5-50

④ 展开"几何体"卷展栏，单击"不透明度"属性右侧的按钮，如图5-51所示。

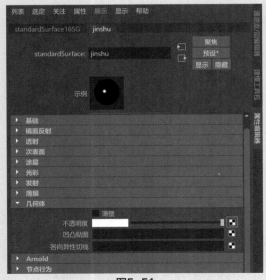

图5-51

⑤ 在系统自动弹出的"创建渲染节点"对话框中，选择"渐变"节点，如图5-52所示。

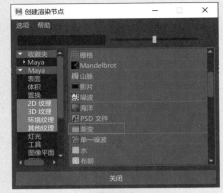

图5-52

⑥ 选择虫子模型，执行UV|"平面"命令，为所选择的模型添加平面UV坐标，如图5-53所示。

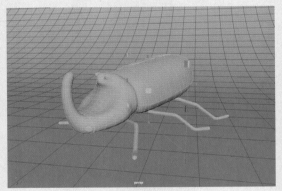

图5-53

⑦ 微调平面UV坐标的尺寸，如图5-54所示。

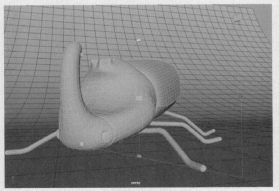

图5-54

⑧ 设置完成后，在场景中显示虫子模型的材质，虫子模型由上至下产生了半透明的渐变效果，如图5-55所示。

图5-55

⑨ 选择虫子模型,在"属性编辑器"面板中,调整"渐变属性"卷展栏内的色彩至如图5-56所示的状态,可以使虫子模型的上半部分消失。

⑩ 通过为黑色的"选定位置"属性设置关键帧控制虫子模型的消失效果。在第20帧位置,设置黑色的"选定位置"为1,并设置关键帧,如图5-57所示。

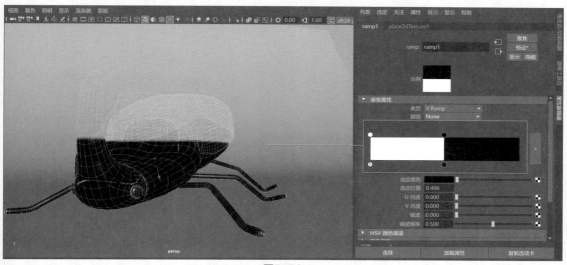

图5-56

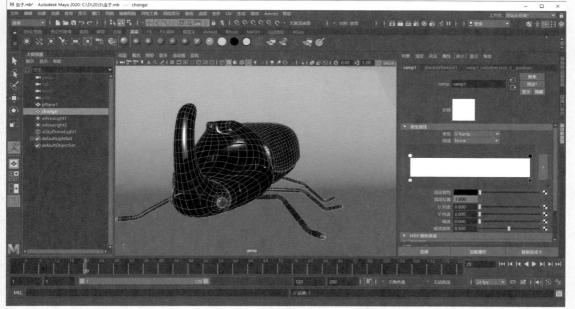

图5-57

⑪ 在第100帧位置，设置黑色的"选定位置"为0.01，并设置关键帧，如图5-58所示。

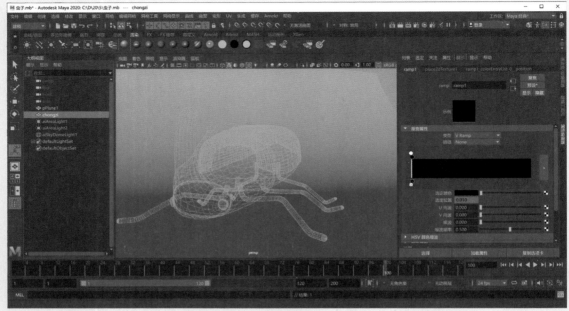

图5-58

⑫ 设置完成后，渲染场景，虫子模型消失的渲染结果如图5-59所示。

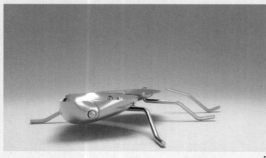

图5-59

⑬ 虫子模型的消失动画制作完成后，开始制作粒子动画，使得虫子像沙粒一样被风吹散。选择虫子模型，单击FX工具架中的"添加发射器"按钮，如图5-60所示。

图5-60

⓮ 在"属性编辑器"面板中，展开"基本发射器属性"卷展栏，设置"发射器类型"为Surface，"速率（粒子/秒）"为100000，如图5-61所示。

图5-61

⓯ 播放场景动画，粒子的发射效果如图5-62所示。

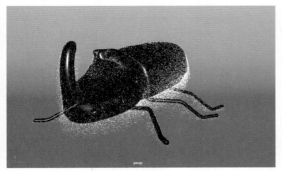

图5-62

⓰ 在"基础发射速率属性"卷展栏中，设置"速率"为0，如图5-63所示。

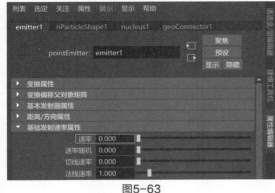

图5-63

⓱ 在"重力和风"卷展栏中，设置"重力"为0，如图5-64所示。

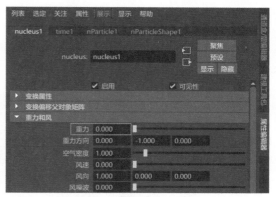

图5-64

⓲ 设置完成后，播放场景动画，随着时间的变化虫子身上的粒子会越来越多，如图5-65所示。

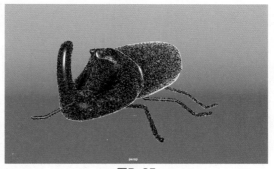

图5-65

⓳ 选择粒子发射器对象，在"属性编辑器"面板中，展开"纹理发射属性（仅NURBS/多边形曲面）"卷展栏，勾选"启用纹理速率"复选框，并单击"纹理速率"属性右侧的按钮，如图5-66所示。

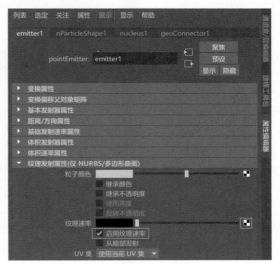

图5-66

⑳ 在弹出的"创建渲染节点"对话框中，选择"渐变"节点，如图5-67所示。

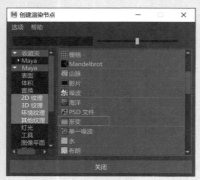

图5-67

㉑ 调整"渐变属性"卷展栏内的色彩至如图5-68所示的状态，可以控制虫子模型的中间部分发射粒子。也就是说，可以通过设置渐变属性色彩的"选定位置"控制虫子模型从上至下慢慢产生粒子。

㉒ 在第25帧位置，设置黑色的"选定位置"为1，并设置关键帧，如图5-69所示。

㉓ 在第100帧位置，设置黑色的"选定位置"为0.002，并设置关键帧，如图5-70所示。

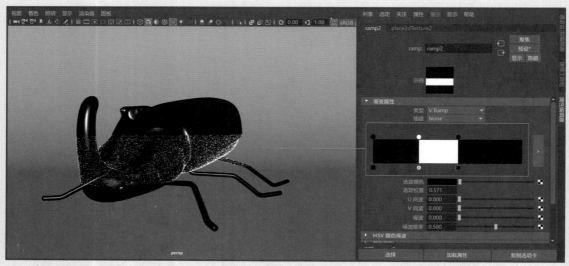

图5-68

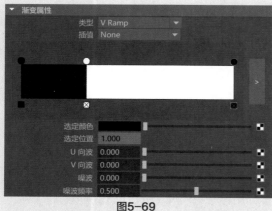

图5-69

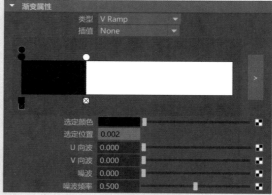

图5-70

㉔ 在第20帧位置，设置白色的"选定位置"为0.999，并设置关键帧，如图5-71所示。

㉕ 在第96帧位置，设置白色的"选定位置"为0.001，并设置关键帧，如图5-72所示。

㉖ 设置完成后，播放动画，随着虫子模型消失的部分有粒子不断产生，如图5-73所示。

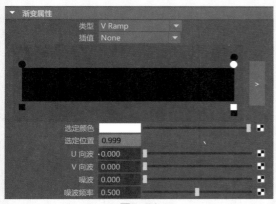
图5-71

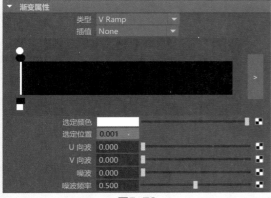
图5-72

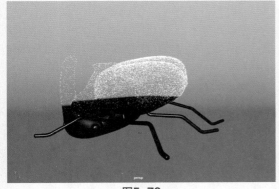
图5-73

27 选择粒子对象，执行"场"|"解算器"|"体积轴"命令，在场景中创建体积轴对象，使用"缩放工具"对其进行缩放，如图5-74所示。

28 在"体积轴场属性"卷展栏中，设置"幅值"为25，如图5-75所示。

图5-74

图5-75

29 在"体积速率属性"卷展栏中，设置"远离中心"为0，"平行光速率"为2，"湍流"为0.5，"细节湍流"为0.1，如图5-76所示。

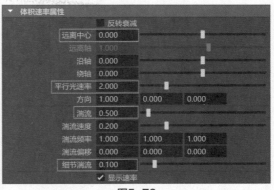
图5-76

30 选择场景中的地面模型，单击FX工具架中的"创建被动碰撞对象"按钮，如图5-77所示，使粒子与地面产生碰撞效果。

图5-77

31 在"碰撞"卷展栏中，设置"厚度"为0，如

图5-78所示。

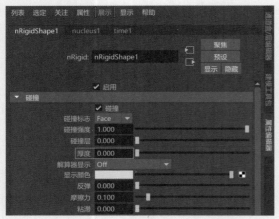

图5-78

㉜ 选择粒子对象，展开"着色"卷展栏，设置"粒子渲染类型"为Spheres，如图5-79所示。

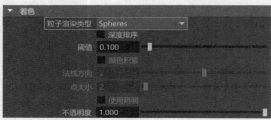

图5-79

㉝ 在"粒子大小"卷展栏中，设置粒子的"半径"为0.1，如图5-80所示。

图5-80

㉞ 设置完成后，播放场景动画，本实例的动画最终效果如图5-81所示。

㉟ 选择粒子对象，单击"渲染"工具架中的"标准曲面材质"按钮，如图5-82所示。

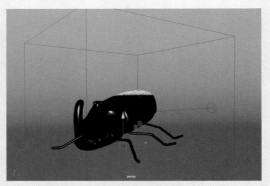

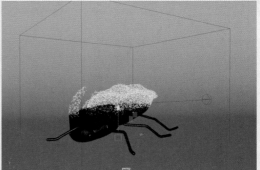

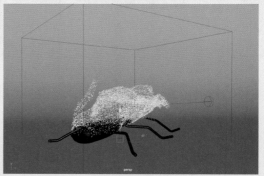

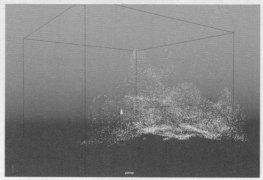

图5-81

图5-82

㊱ 展开"基础"卷展栏，设置材质的"颜色"
为黄色，"金属度"为1，展开"镜面反射"卷
展栏，设置"权重"为1，"粗糙度"为0.2，如
图5-83所示。

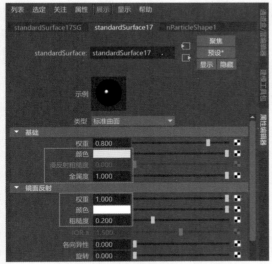

图5-83

㊲ 在"渲染设置"对话框中，展开Motion Blur
卷展栏，勾选Enable复选框，开启运动模糊计
算，如图5-84所示。

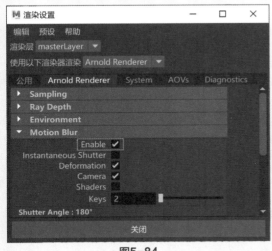

图5-84

㊳ 选择粒子发射器，设置"速率（粒子/秒）"
为600000，增加场景中的粒子数量，如图5-85
所示。

㊴ 设置完成后，渲染场景，本实例的动画渲染
最终效果如图5-86所示。

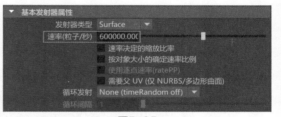

图5-85

图5-86

5.4 实例：雨水飞溅动画

　　本实例使用"n粒子"制作雨水飞溅的动画，
最终动画完成效果如图5-87所示。

图5-87

① 启动中文版Maya 2020软件，打开本书配套资源"石头.mb"文件，如图5-88所示。场景中有一组石头模型，场景中已经设置好了材质、灯光及摄影机。

图5-88

② 单击FX工具架中的"发射器"按钮，如图5-89所示。

图5-89

③ 在"大纲视图"中选择n粒子发射器，在"属性编辑器"面板中，设置"发射器类型"为Volume，"速率（粒子/秒）"为500，如图5-90所示。

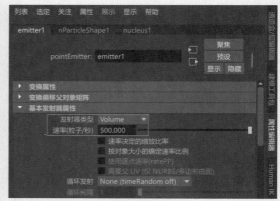

图5-90

④ 在"通道盒/层编辑器"面板中，设置粒子发射器的"平移Y"为30，"缩放X"为15，"缩放Y"为2，"缩放Z"为15，如图5-91所示。

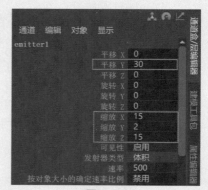

图5-91

⑤ 使粒子发射器位于场景中石头模型的上方，如图5-92所示。

图5-92

⑥ 选择场景中的石头模型和地面模型，单击FX工具架中的"创建被动碰撞对象"按钮，如图5-93所示，使其与粒子产生碰撞计算。

图5-93

⑦ 在"属性编辑器"面板中，展开"重力和风"卷展栏，设置"重力"为40，如图5-94所示，使粒子的下落速度变快一些。

图5-94

⑧ 播放场景动画，从"右视图"观察，粒子与地面发生碰撞的位置有一定的距离，感觉很不自然，如图5-95所示。

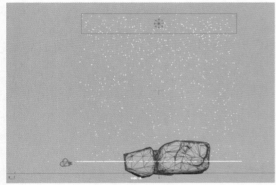

图5-95

⑨ 展开"碰撞"卷展栏，设置"厚度"为0，"反弹"为0.3，如图5-96所示，再次播放动画，粒子与地面的间距明显变小了，并且粒子与地面碰撞后具有一定的反弹效果，如图5-97所示。

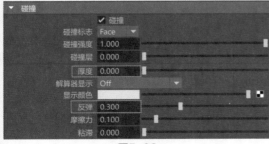

图5-96

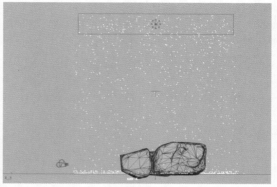

图5-97

⑩ 执行nParticle|"粒子碰撞事件编辑器"命令，打开"粒子碰撞事件编辑器"，勾选"分割"复选框，勾选"随机粒子数"复选框，设置"粒子数"为8，并单击"创建事件"按钮，如图5-98所示。

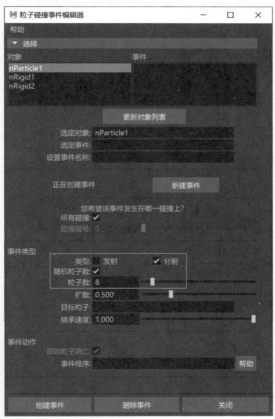

图5-98

⑪ 再次播放动画，即可看到雨滴落到石头和地面模型上产生水花溅起的效果，如图5-99所示。

图5-99

⑫ 选择场景中粒子，展开"着色"卷展栏，设置"粒子渲染类型"为Spheres，如图5-100所示。

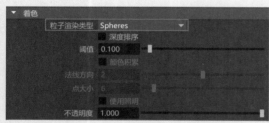

图5-100

⑬ 在"粒子大小"卷展栏中，设置"半径"为0.03，如图5-101所示。

图5-101

⑭ 选择作为模拟水花效果的n粒子对象，在"属性编辑器"面板中，展开"寿命"卷展栏，设置"寿命模式"为Constant，"寿命"为2，如图5-102所示。

⑮ 选择场景中的2个n粒子对象，为其添加"标准曲面材质"，展开"透射"卷展栏，设置"权重"为0.5，展开"发射"卷展栏，设置"权重"为0.5，如图5-103所示。

图5-102

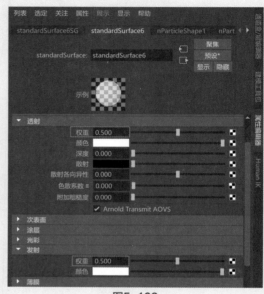

图5-103

⑯ 打开"渲染设置"对话框，展开Motion Blur卷展栏，勾选Enable复选框，如图5-104所示，开启运动模糊计算。

图5-104

Maya动画特效从新手到高手

⑰ 设置完成后，渲染场景，本实例的最终渲染结果如图5-105所示。

图5-105

5.5 实例：液体模拟动画

本实例使用n粒子模拟液体倾倒的动画，最终渲染效果如图5-106所示。

图5-106

① 启动Maya 2020软件，打开本书配套资源"杯子.mb"文件，如图5-107所示。

② 播放场景动画，可以看到本场景已经设置了杯子的基本旋转动画，液体可以顺利从一个杯子倒入另一个杯子中，如图5-108所示。

③ 选择场景中的细杯子模型，执行nParticle | "填充对象"命令，并单击命令右侧的方块按钮，如

图5-109所示。

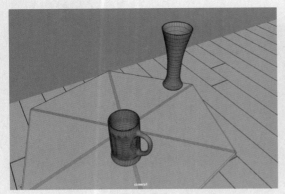

图5-107

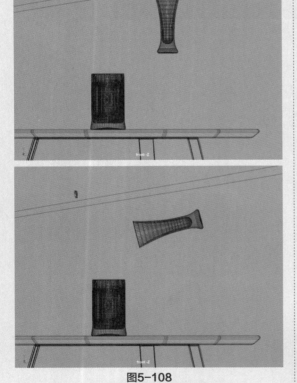

图5-108

图5-110所示。

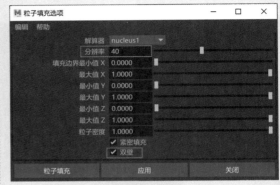

图5-110

⑤ 单击"粒子填充"按钮，为细杯子填充粒子，填充完成后，杯子里的粒子形态如图5-111所示。

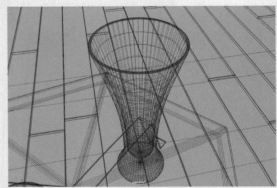

图5-111

⑥ 选择场景中的n粒子，在"属性编辑器"面板中找到nParticleShape选项卡，展开"液体模拟"卷展栏，勾选"启用液体模拟"复选框，并设置"液体半径比例"为1.2，如图5-112所示。

图5-112

⑦ 播放场景动画，此时没有设置n粒子碰撞，n粒子因受自身重力影响会产生下落并穿出模型的情况，如图5-113所示。

⑧ 选择场景中的两个杯子模型，执行nCloth|"创建被动碰撞对象"命令，将这两个模型设置

④ 在弹出的"粒子填充选项"对话框中，设置"分辨率"为40，并勾选"双壁"复选框，如

为可以与n粒子产生碰撞,如图5-114所示。

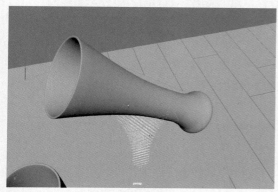

图5-113

图5-114

⑨ 设置完成后,播放动画,n粒子的动画形态如图5-115所示。

图5-115

⑩ 在场景中选择n粒子,执行"修改"|"转化"|"nParticle到多边形"命令,将当前所选择的n粒子转化为多边形,如图5-116所示。

图5-116

⑪ 在"属性编辑器"面板中,展开"输出网格"卷展栏,调整"滴状半径比例"为1.3,设置"网格方法"为Quad Mesh(四边形网格),"网格平滑迭代次数"为2,如图5-117所示。视图中液体的形状如图5-118所示。

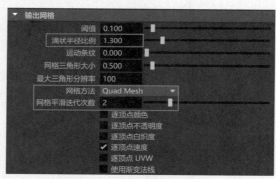

图5-117

⑫ 设置完成后,播放场景动画。本实例最终液体动画的模拟结果如图5-119所示。

图5-118

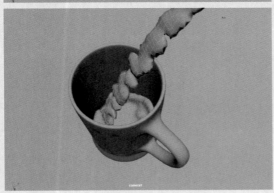

图5-119

⑬ 选择液体模型，单击"渲染"工具架中的
"标准曲面材质"按钮，如图5-120所示。

图5-120

⑭ 在"属性编辑器"面板中，展开"镜面反
射"卷展栏，设置"权重"为1，"粗糙度"为
0.1，如图5-121所示。

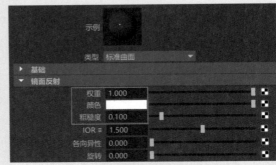

图5-121

⑮ 在"透射"卷展栏中，设置"权重"为1，
"颜色"为红色，如图5-122所示。其中，"颜
色"的参数设置如图5-123所示。

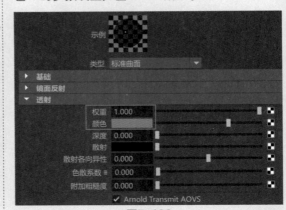

图5-122

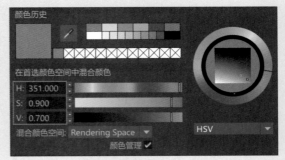

图5-123

⑯ 设置完成后的液体材质球在"材质查看器"
中的显示效果如图5-124所示。

Maya动画特效从新手到高手

图5-124

⑰ 渲染场景，本实例的最终渲染结果如图5-125所示。

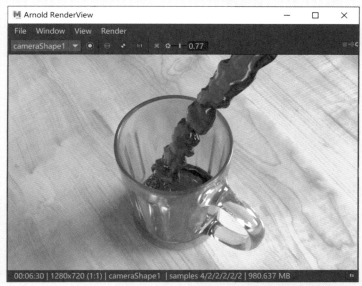

图5-125

第5章　粒子动画

第6章
布料动画

布料的运动很特殊。由于布料在运动中会产生大量各种形态的随机褶皱，很难用为物体设置关键帧动画的方式制作布料运动的动画。如何制作出真实自然的布料动画一直是众多三维软件生产商面对的一项技术难题。在Maya中，nCloth是一项制作布料运动特效的高级技术。nCloth可以稳定、迅速地模拟动态布料的形态，主要用于模拟布料和环境产生交互作用的动态效果，其中包括碰撞对象（如角色）和力学（如重力和风）。

6.1 实例：小旗飘扬动画

本实例制作红色小旗被风吹动的动画，如图6-1所示为本实例的动画完成渲染效果。

图6-1

① 启动Maya 2020软件，打开本书配套资源"小旗.mb"文件，如图6-2所示。场景中有一个简单的小旗模型，并且已经设置好了材质及灯光。

② 选择旗模型，在FX工具架中单击"创建nCloth"按钮，如图6-3所示，将小旗模型设置为nCloth对象。

③ 设置完成后，小旗模型下方会出现力学对象图标，如图6-4所示。

④ 选择小旗模型，右击，在弹出的快捷菜单中选择"顶点"选项，如图6-5所示。

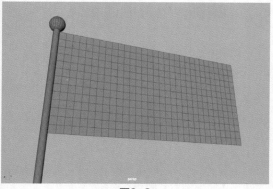

图6-2

图6-3

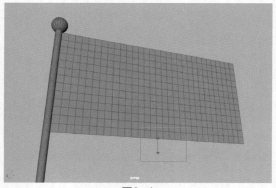

图6-4

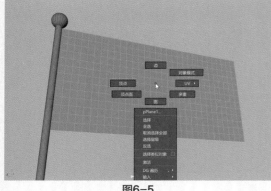

图6-5

⑤ 选择如图6-6所示的两个顶点，执行nConstraint|"变换约束"命令，对所选择的点设置变换约束，设置完成后，两个顶点的中间位置会生成定位器，如图6-7所示。

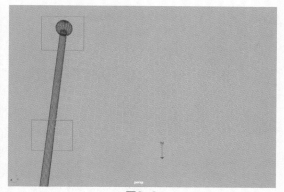

图6-6

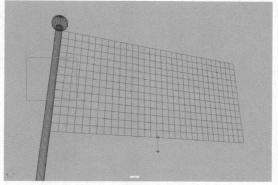

图6-7

⑥ 选择小旗模型，在其"属性编辑器"中切换至nucleus选项卡，展开"重力和风"卷展栏，设置"风速"为30，"风向"的 X 为0，Y为0，Z为-1，如图6-8所示。

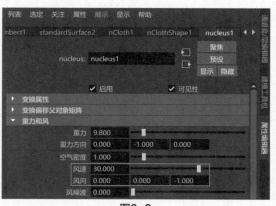

图6-8

⑦ 设置完成后，播放场景动画，即可看到小旗随风飘扬的动画。最终动画效果如图6-9所示。

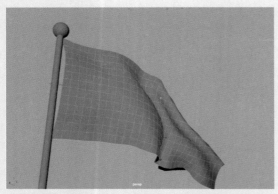

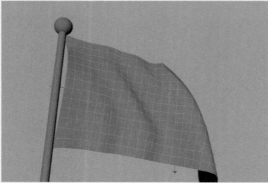

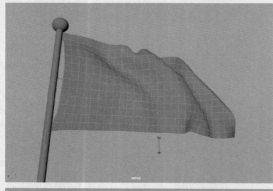

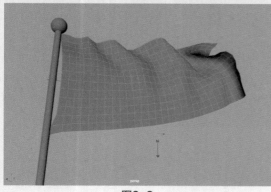

图6-9

6.2 实例：叶片飘落动画

本实例制作叶片飘落的场景动画，如图6-10所示为本实例的最终完成效果。

图6-10

① 启动Maya 2020软件，打开本书配套资源"植物.mb"文件，如图6-11所示。

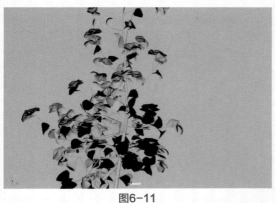

图6-11

02 在场景中选择植物的叶片模型，选择如图6-12所示的植物叶片。

03 在"多边形建模"工具架中，单击"提取"按钮，如图6-13所示，将所选择的叶片单独提取出来。

图6-12

图6-13

04 在"大纲视图"中，选择被提取出来的所有叶片模型，如图6-14所示。

图6-14

05 单击"多边形建模"工具架中的"结合"按钮，如图6-15所示。

图6-15

06 这样，可以将所选择的叶片模型合并成一个模型，如图6-16所示。

图6-16

07 完成之前的操作后，在"大纲视图"中生成了很多无用的多余节点，如图6-17所示。

图6-17

08 在场景中选择植物叶片模型，执行"编辑" | "按类型删除" | "历史"命令，"大纲视图"中的对象被清空了许多，如图6-18所示。

图6-18

图6-19

09 "大纲视图"中余下的两个组，可以通过执行"编辑" | "解组"命令删除，整理完成后的"大纲视图"如图6-19所示。

10 选择场景中被提取的叶片模型，如图6-20所示。

图6-20

⑪ 单击FX工具架中的"创建nCloth"按钮,将其设置为nCloth对象,如图6-21所示。

图6-21

⑫ 在"属性编辑器"中找到nucleus选项卡,展开"重力和风"卷展栏,设置"风速"为25,如图6-22所示。

⑬ 设置完成后,播放场景动画,可以看到植物模型上被提取的叶片会缓缓飘落下来。本实例的场景动画完成效果如图6-23所示。

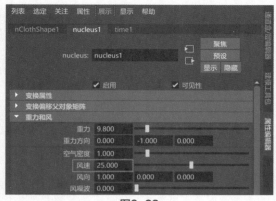

图6-22

图6-23

第7章
流体动画

Maya 2020的流体效果模块主要用来实现燃烧、爆炸、水面、烟雾、雪崩等特效。流体效果的行为遵循流体动力学的自然法则，流体动力学是物理学的一个分支，使用数学方程式计算对象流动的方式。Maya通过在每一个时间步处解算Navier-Stokes流体动力学方程式来模拟流体运动，包括创建动力学流体的纹理、向其应用力、使其与几何体碰撞和移动几何体、影响柔体以及与粒子交互。

7.1 实例: 香烟燃烧动画

本实例使用"2D流体容器"制作香烟燃烧动画，如图7-1所示为本实例的动画完成渲染效果。

图7-1

① 启动中文版Maya 2020软件，打开本书配套资源"香烟.mb"文件，如图7-2所示。场景中有一个带有香烟的室内场景。

② 单击FX工具架中的"具有发射器的2D流体容器"按钮，如图7-3所示。

③ 在"属性编辑器"面板中，展开"容器特性"卷展栏，设置"基本分辨率"为300，"大小"为（30，30，0.25），"边界Y"为None，如图7-4所示。

④ 在场景中分别调整2D流体容器和流体发射器的位置至如图7-5所示的状态。

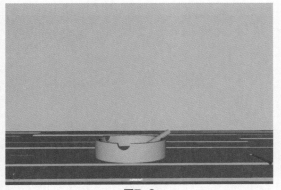
图7-2

图7-3

图7-4

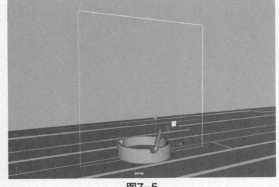
图7-5

⑤ 播放场景动画，可以看到烟雾上升的效果，如图7-6所示。

⑥ 展开"动力学模拟"卷展栏，设置"高细节解算"为Velocity Only，"子步"为2，如图7-7所示。

⑦ 设置完成后，播放场景动画，可以看到烟雾上升的效果，如图7-8所示。

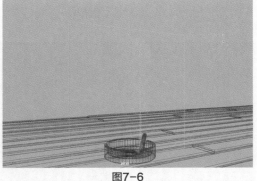
图7-6

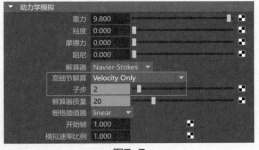
图7-7

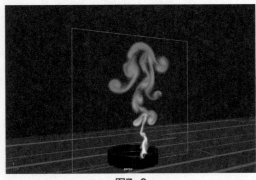
图7-8

⑧ 在"动力学模拟"卷展栏中，勾选"向前平流"复选框，如图7-9所示。

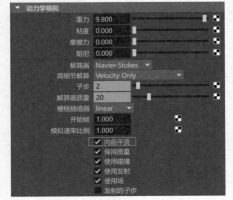
图7-9

⑨ 再次播放场景动画，烟雾的动画效果如
图7-10所示。

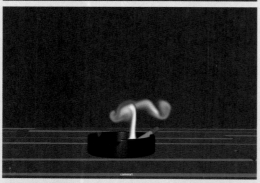

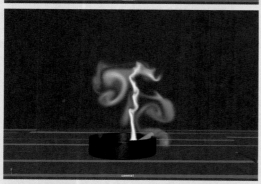

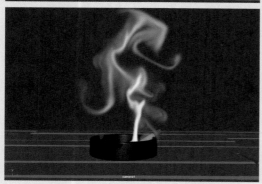

图7-10

⑩ 渲染场景，本实例的香烟燃烧最终渲染效果
如图7-11所示。

图7-11

7.2 实例：火焰燃烧动画

本实例使用"3D流体容器"制作火焰燃烧动
画，最终动画完成效果如图7-12所示。

Maya动画特效从新手到高手

图7-12

① 启动中文版Maya 2020软件，打开本书配套资源"树枝.mb"文件，如图7-13所示。场景中有一截树枝模型。

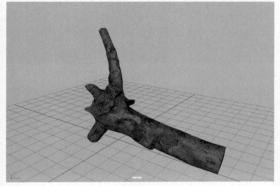

图7-13

② 单击FX工具架中的"具有发射器的3D流体容器"按钮，如图7-14所示，在场景中创建流体容器，如图7-15所示。

图7-14

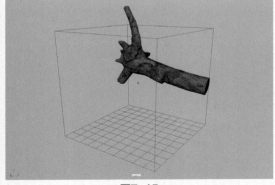

图7-15

③ 在"属性编辑器"面板中，展开"容器特性"卷展栏，调整3D流体容器的参数，如

图7-16所示。如果模拟较为快速的燃烧效果，可以尝试降低"基本分辨率"。

图7-16

④ 删除场景中的流体发射器，并在"通道盒/层编辑器"面板中调整3D流体容器的"平移X"为3，"平移Y"为10，如图7-17所示。

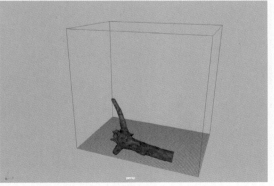

图7-17

⑤ 调整完成后，3D流体容器位置如图7-18所示。

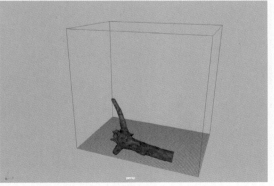

图7-18

⑥ 选择场景中的树枝模型和3D流体容器，单击FX工具架中的"从对象发射流体"按钮，如图7-19所示。

图7-19

07 播放场景动画，流体动画的默认效果如图7-20 所示。

图7-20

08 在"属性编辑器"面板中，展开"内容详细信息"卷展栏内的"速度"卷展栏，设置"漩涡"为10，"噪波"为0.1，如图7-21所示。这样可以使烟雾上升的形体增加许多细节，如图7-22所示。

图7-21

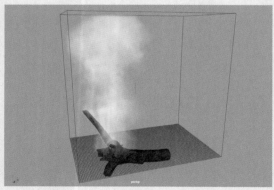

图7-22

09 设置流体的颜色。展开"颜色"卷展栏，设置"选定颜色"为黑色，如图7-23所示。

图7-23

10 展开"白炽度"卷展栏，设置白炽度的黑色、橙色和黄色的"选定位置"分别如图7-24~图7-26所示，并设置"白炽度输入""密度"，调整"输入偏移"为0.5。

图7-24

图7-25

图7-26

11 设置完成后，场景中的流体效果如图7-27所示。

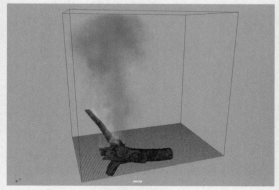

图7-27

⑫ 选择3D流体容器，执行"场/解算器"|"空气"命令，在场景中创建空气场。在"属性编辑器"面板中，展开"空气场属性"卷展栏，设置"幅值"为1，"方向"的X为1，Y为0，Z为0，如图7-28所示。

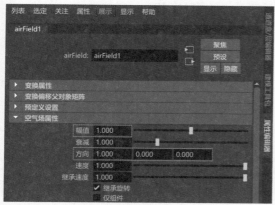

图7-28

⑬ 设置完成后，播放场景动画，火焰因受空气场的影响产生的燃烧效果如图7-29所示。

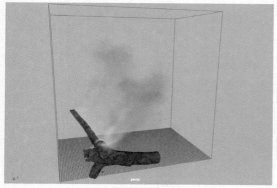

图7-29

⑭ 单击Arnold工具架中的Create Physical Sky（创建物理天空）按钮，如图7-30所示，为场景设置灯光。

图7-30

⑮ 在"属性编辑器"面板中，展开Physical Sky Attributes（物理天空属性）卷展栏，设置Elevation为15，Intensity为4，提高物理天空灯光的强度，如图7-31所示。

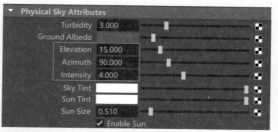

图7-31

⑯ 渲染场景，火焰燃烧渲染的效果如图7-32所示。

图7-32

⑰ 展开"容器特性"卷展栏，调整3D流体容器的"基本分辨率"为200，如图7-33所示。

图7-33

⑱ 单击"FX缓存"工具架中的"创建缓存"按钮，为燃烧动画创建缓存，如图7-34所示。

图7-34

⑲ 提高"基本分辨率"后，燃烧动画的视图显示结果如图7-35和图7-36所示，质量有了明显的改善。

图7-35

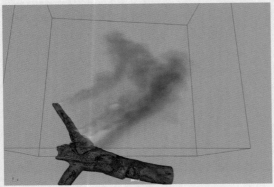

图7-36

⑳ 再次渲染场景，渲染结果如图7-37所示。

图7-37

7.3 实例：导弹拖尾动画

本实例使用"3D流体容器"特效来制作导弹的烟雾拖尾动画，最终动画完成效果如图7-38所示。

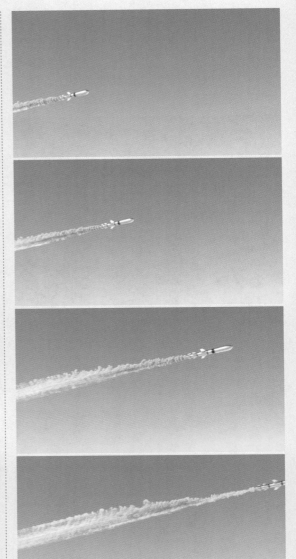

图7-38

① 启动中文版Maya 2020软件，打开本书配套资源"导弹.mb"文件，如图7-39所示。场景中有一个导弹的简易模型。

② 首先，制作导弹的飞行动画。选择导弹模型，在第1帧位置，设置"平移X"为15，并为其设置关键帧，如图7-40所示。

③ 在第120帧位置，设置"平移X"为200，并为其设置关键帧，如图7-41所示。

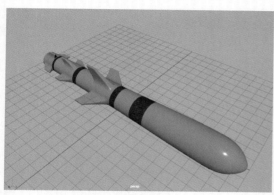

图7-39

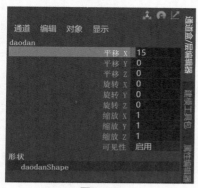

图7-40

图7-41

④ 执行"窗口"|"动画编辑器"|"曲线图编辑器"命令，打开"曲线图编辑器"，如图7-42所示。

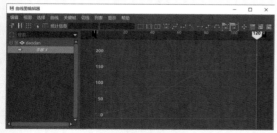

图7-42

⑤ 选择"平移X"属性的动画曲线，单击"线性切线"按钮，调整曲线的形态至如图7-43所示的状态。

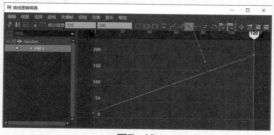

图7-43

⑥ 单击FX工具架中的"具有发射器的3D流体容器"按钮，如图7-44所示。

图7-44

⑦ 在场景中创建流体容器，如图7-45所示。

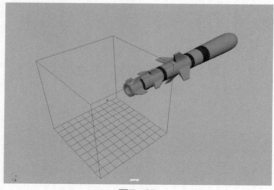

图7-45

⑧ 选择流体发射器，在"属性编辑器"面板中，展开"基本发射器属性"卷展栏，设置"发射器类型"为"体积"，视图中的发射器图标变成为立方体的形状，如图7-46所示。

⑨ 展开"体积发射器属性"卷展栏，设置"体积形状"为Cylinder，发射器的图标变成为圆柱体形状，如图7-47所示。

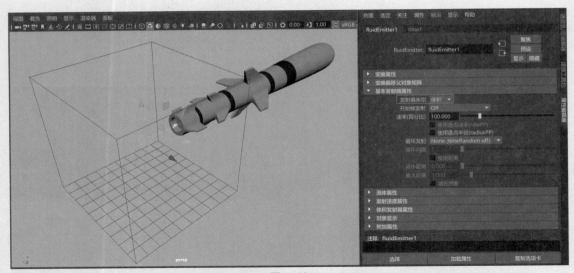

图7-46

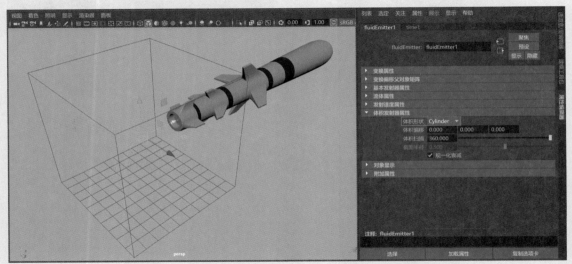

图7-47

⑩ 调整流体发射器的旋转方向和位置至导弹模型的尾部，如图7-48所示。

⑪ 先选择导弹模型，再加选流体发射器，如图7-49所示。

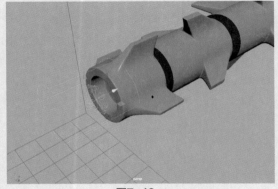

图7-48

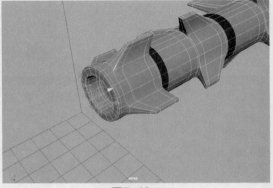

图7-49

⑫ 单击"绑定"工具架中的"父约束"按钮，如图7-50所示。在所选择的两个对象之间建立父约束关系。这样，流体发射器的位置会随着导弹模型的运动而产生改变。

图7-50

⑬ 设置完成后，在"属性编辑器"面板中观察流体发射器"变换属性"卷展栏内的"平移"和"旋转"属性，对应参数的背景色发生了改变，如图7-51所示。

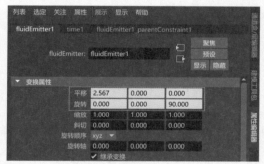

图7-51

⑭ 选择3D流体容器，在"容器特性"卷展栏中，设置"基本分辨率"为50，"边界X"为None，"边界Y"为None，如图7-52所示。

图7-52

⑮ 展开"自动调整大小"卷展栏，勾选"自动调整大小"复选框，设置"最大分辨率"为400，如图7-53所示。

⑯ 设置完成后，播放动画。随着流体发射器的移动，3D流体容器的长度也自动增加，如图7-54所示。

图7-53

图7-54

⑰ 在"基本发射器属性"卷展栏中，设置"速率（百分比）"为600，如图7-55所示。

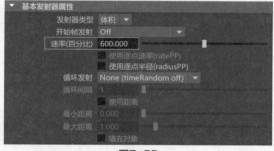

图7-55

⑱ 播放动画，这时可以看到导弹的尾部烟雾比之前要多一些，如图7-56所示。

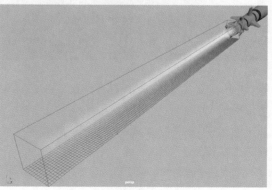

图7-56

⑲ 选择3D流体容器，展开"着色"卷展栏，调整"透明度"的颜色为深灰色，如图7-57所

示，使烟雾的显示更加清晰，如图7-58所示。

图7-57

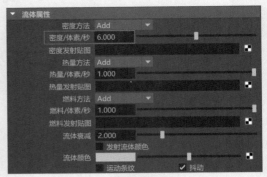

图7-60

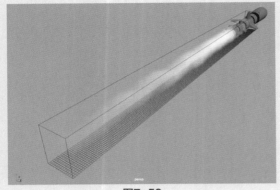

图7-58

⑳ 选择流体发射器，在"属性编辑器"面板中展开"发射速度属性"卷展栏，设置"速度方法"为Add，"继承速度"为50，如图7-59所示。

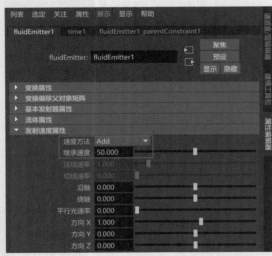

图7-59

图7-61

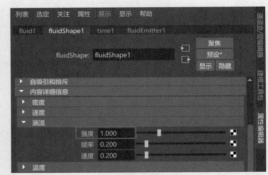

图7-62

㉔ 播放动画，导弹的拖尾烟雾因"湍流"的"强度"产生一定的扩散效果，如图7-63所示。

㉕ 展开"照明"卷展栏，勾选"自阴影"复选框，如图7-64所示。导弹的拖尾烟雾会产生阴影效果，使烟雾更加立体，如图7-65所示。

㉖ 展开"动力学模拟"卷展栏，设置"阻尼"为0.02，"高细节解算"为All Grids，"子步"为2，可以使细节更加丰富，如图7-66所示。

㉑ 展开"流体属性"卷展栏，设置"密度/体素/秒"为6，如图7-60所示。

㉒ 播放动画，导弹的拖尾烟雾模拟效果如图7-61所示。

㉓ 选择3D流体容器，展开"湍流"卷展栏，设置"强度"为1，如图7-62所示。

图7-63

图7-64

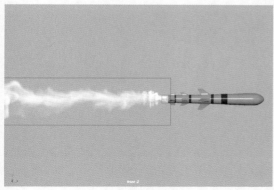

图7-65

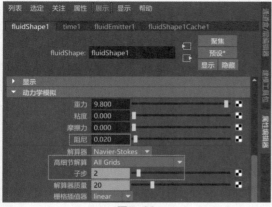

图7-66

㉗ 单击"FX缓存"工具架中的"创建缓存"按钮,如图7-67所示。

图7-67

㉘ 创建缓存后,播放动画,完成后的导弹拖尾动画效果如图7-68所示。

㉙ 单击Arnold工具架中的Create Physical Sky(创建物理天空)按钮,如图7-69所示,为场景设置灯光。

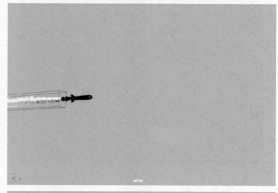

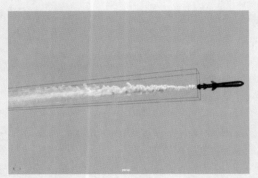

图7-68

图7-69

⑩ 在"属性编辑器"面板中，展开Physical Sky Attributes（物理天空属性）卷展栏，设置Elevation为35，Azimuth为120，Intensity为4，提高物理天空灯光的强度，如图7-70所示。

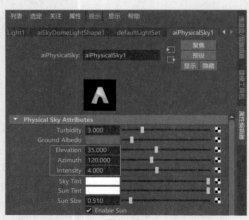

图7-70

③ 渲染场景，渲染结果如图7-71所示。

图7-71

7.4 实例：烟雾流动动画

本实例使用"3D流体容器"制作烟雾流动的动画，如图7-72所示为本实例的最终完成效果。

图7-72

① 启动中文版Maya 2020软件，打开本书配套资源"烟雾.mb"文件，该场景为一个带有下水道算子的地面模型，并且已经设置好材质和摄影机，如图7-73所示。

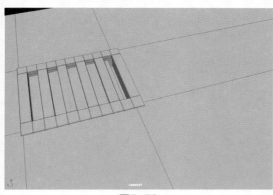

图7-73

02 切换至FX工具架，单击"具有发射器的3D流体容器"按钮，如图7-74所示。

图7-74

03 在场景中创建带有发射器的3D流体容器，如图7-75所示。

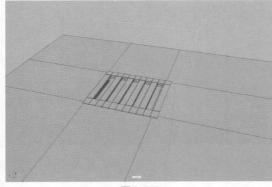

图7-75

04 在"大纲视图"中，选择场景中的流体发射器，如图7-76所示，将其删除。

图7-76

05 设置使用场景中的物体作为流体的发射对象。选择场景中的平面对象，再加选3D流体容器，如图7-77所示。

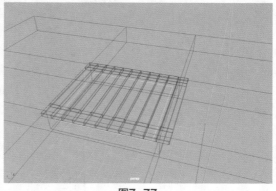

图7-77

06 单击FX工具架中的"从对象发射流体"按钮，如图7-78所示。设置平面为场景中的流体发射器。

图7-78

07 设置完成后，在"大纲视图"中的平面模型节点下方将出现流体发射器，如图7-79所示。

图7-79

08 选择场景中的3D流体容器，在"属性编辑器"面板中展开"容器特性"卷展栏，设置其中的参数，如图7-80所示。

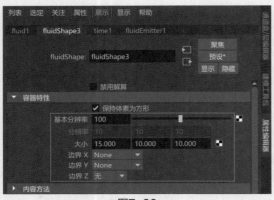

图7-80

⑨ 在"通道盒/层编辑器"面板中,设置"平移X"为-3,"平移Y"为4,如图7-81所示。

图7-81

⑩ 设置完成后,场景中3D流体容器的位置如图7-82所示。

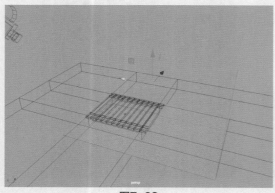

图7-82

⑪ 先选择场景中的地面模型以及下水道井盖模型,再加选3D流体容器,如图7-83所示。

⑫ 单击FX工具架中的"使碰撞"按钮,如图7-84所示。将这两个模型设置为与流体产生交互碰撞计算。

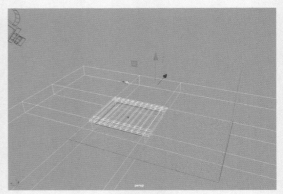

图7-83

图7-84

⑬ 设置完成后,播放场景动画,流体透过地面上的下水道井盖产生了烟雾,如图7-85所示。

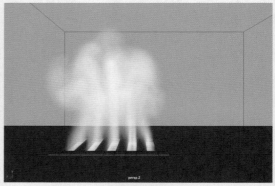

图7-85

⑭ 选择3D流体容器,展开"内容详细信息""密度"卷展栏,调整"浮力"为1.5,增加烟雾上升的速度,如图7-86所示。

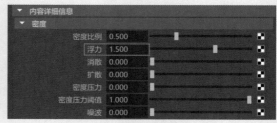

图7-86

⑮ 展开"速度"卷展栏,设置"漩涡"为5,"噪波"为0.2,如图7-87所示,增加烟雾上升时的形态细节。

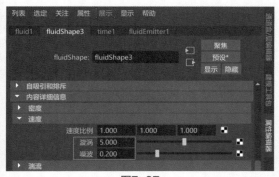

图7-87

⑯ 播放动画，场景中3D流体容器产生的烟雾动画效果如图7-88所示。

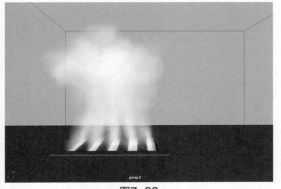

图7-88

⑰ 选择流体发射器，展开"基本发射器属性"卷展栏，设置"速率（百分比）"为500，如图7-89所示。再次播放动画，场景中的烟雾看起来更加明显，如图7-90所示。

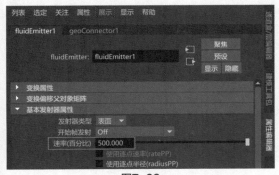

图7-89

⑱ 选择场景中的3D流体容器，执行"场/解算器"|"空气"命令，为流体容器添加空气场以影响烟雾的走向，如图7-91所示。

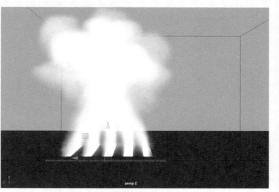

图7-90

图7-91

⑲ 在"属性编辑器"中，展开"空气场属性"卷展栏，设置"幅值"为5，"衰减"值不变，设置空气场"方向"的X为-1，Y为1，Z为0，如图7-92所示。

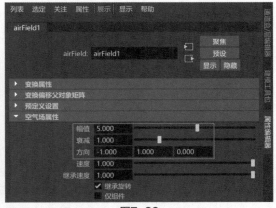

图7-92

⑳ 播放场景动画，可以看到烟雾的方向已经开始受到空气场的影响，如图7-93所示。

㉑ 展开"照明"卷展栏，勾选"自阴影"复选框，并设置"阴影不透明度"为1，如图7-94所示。

图7-93

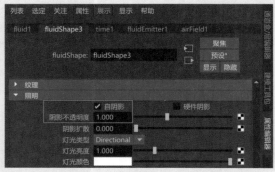

图7-94

㉒ 设置完成后，在视图中可以清晰地看到添加了"自阴影"后的显示效果，如图7-95所示。

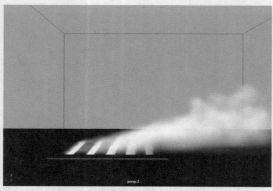

图7-95

㉓ 选择3D流体容器，展开"容器属性"卷展栏，将"基本分辨率"设置为200，提高动画的计算精度，如图7-96所示。

图7-96

㉔ 计算流体动画，动画效果如图7-97所示，通过提高"基本分辨率"，可以使烟雾形态的计算细节更加丰富。

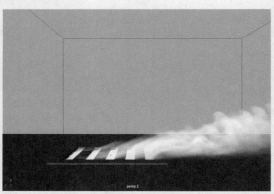

图7-97

㉕ 展开"动力学模拟"卷展栏，设置"高细节解算"为Velocity Only，"子步"为2，如图7-98所示。

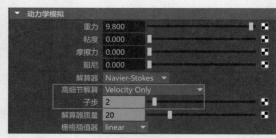

图7-98

㉖ 单击"FX缓存"工具架中的"创建缓存"按钮，如图7-99所示。

图7-99

㉗ 本实例的烟雾动画最终效果如图7-100所示。

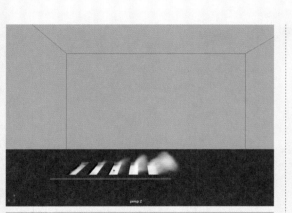

图7-100

7.5 实例：沙拉酱挤出动画

本实例使用"Bifrost流体"制作挤出沙拉酱的动画，最终动画完成效果如图7-101所示。

图7-101

🕐 启动中文版Maya 2020软件，打开本书配套资源"螺旋面.mb"文件，如图7-102所示。场景中有一个盘螺旋面的模型，并且已经设置好了灯光、材质、摄影机和渲染参数。

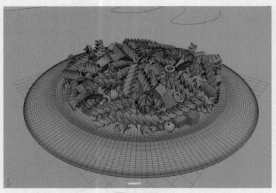

图7-102

⑫ 单击"多边形建模"工具架中的"多边形球体"按钮，如图7-103所示。在场景中创建球体模型作为液体的发射器，并在"属性编辑器"面板中设置参数，如图7-104所示。

图7-103

图7-104

⑬ 先选择球体，再加选场景中绘制的曲线，执行"约束"|"运动路径"|"连接到运动路径"命令，将球体模型约束到曲线上，如图7-105所示。

图7-105

⑭ 在"属性编辑器"面板中，展开"运动路径属性"卷展栏，取消勾选"跟随"复选框，如图7-106所示。

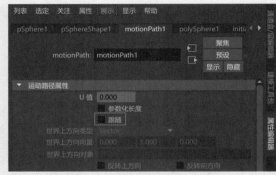

图7-106

⑮ 选择球体模型，单击Bifrost工具架中的"液体"按钮，如图7-107所示，即可将所选择的球体设置为液体的发射器。

图7-107

⑯ 同时在"大纲视图"中可以看到与场景中创建的与液体动画相关的对象名称，如图7-108所示。

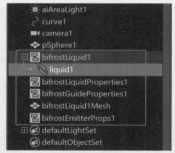

图7-108

⑰ 选择液体发射器，在"属性编辑器"面板中，勾选"特性"卷展栏中的"连续发射"复选框，如图7-109所示。这样，液体才会源源不断地发射出来。

图7-109

Maya动画特效从新手到高手

⑧ 选择液体，勾选"显示"卷展栏中的"体素"复选框，如图7-110所示。

图7-110

⑨ 选择液体，再加选盘子模型，单击Bifrost工具架中的"碰撞对象"按钮，如图7-111所示。然后，以同样的操作步骤也为液体和螺旋面模型设置碰撞关系。

图7-111

⑩ 设置完成后，播放动画，可以看到液体从球体上开始发射，并与场景中的螺旋面和盘子产生碰撞，在默认状态下液体的形态看起来有点儿粗糙，如图7-112所示。

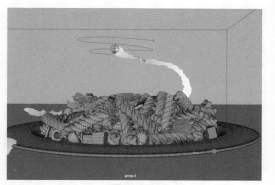

图7-112

⑪ 在"分辨率"卷展栏中，设置"主体素大小"为0.1，如图7-113所示。

图7-113

⑫ 再次播放动画，可以看到液体的效果增加了许多细节，碰到盘子上时像水一样四散飞溅，如图7-114所示。

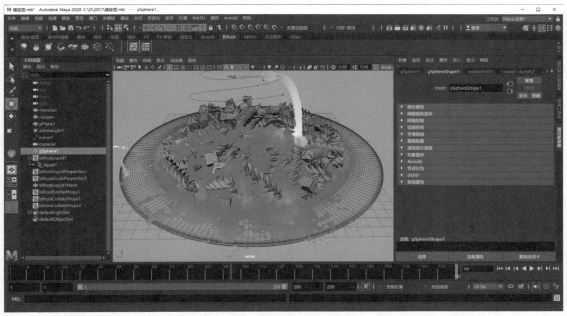

图7-114

⑬ 在"粘度"卷展栏中，设置"粘度"为6000，如图7-115所示。

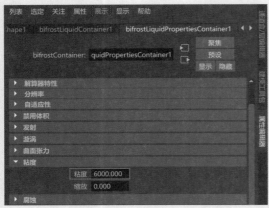

图7-115

⑭ 播放动画，可以看到液体像沙拉酱一样黏稠，如图7-116所示。

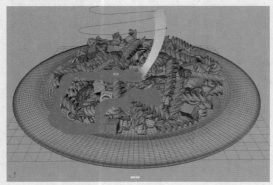

图7-116

⑮ 选择球体模型，在"属性编辑器"面板中，展开"多边形球体历史"卷展栏，将"半径"降低到0.2，如图7-117所示。

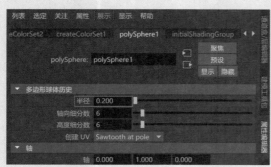

图7-117

⑯ 设置完成后，再次播放动画，可以看到沙拉酱较细，更加自然，如图7-118所示。

⑰ 将视图切换至"摄影机视图"，观察液体动画效果，如图7-119~图7-122所示。

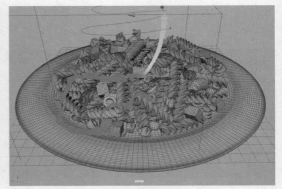

图7-118

图7-119

图7-120

图7-121

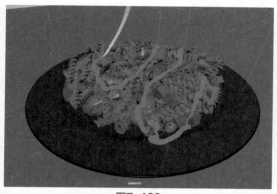
图7-122

⑱ 为液体添加"标准曲面材质"，在"基础"卷展栏中，设置"颜色"为浅黄色，如图7-123所示。"颜色"的参数设置如图7-124所示。

图7-123

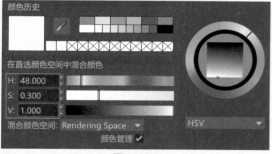
图7-124

⑲ 展开"镜面反射"卷展栏，设置"权重"为1，"粗糙度"为0.2，如图7-125所示。

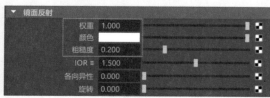
图7-125

⑳ 制作完成的番茄酱材质在"材质查看器"中的显示结果如图7-126所示。

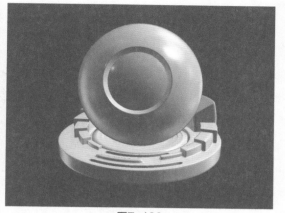
图7-126

㉑ 在"摄影机视图"中渲染，渲染结果如图7-127所示。

图7-127

7.6 实例：倒入酒水动画

本实例使用Bifrost流体制作酒水倒入杯中的动画，如图7-128所示为本实例的最终完成效果。

图7-128

图7-130

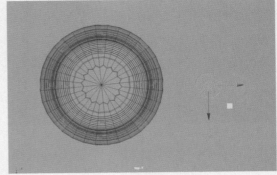

图7-131

④ 在"通道盒/层编辑器"面板中，调整球体模型的"平移X"为91，"平移Y"为98，"平移Z"为-193，如图7-132所示。

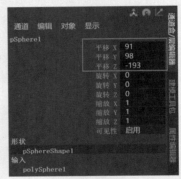

图7-132

① 启动Maya 2020软件，打开本书配套资源"杯子.mb"文件，如图7-129所示。

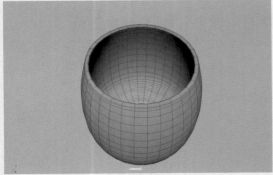

图7-129

② 单击"多边形建模"工具架中的"多边形球体"按钮，如图7-130所示。

③ 在"顶视图"中的杯子模型旁边创建一个球体模型，如图7-131所示。

⑤ 设置完成后，观察场景中球体的位置，如图7-133所示。

图7-133

⑥ 选择球体模型，单击Bifrost工具架中的"液体"按钮，如图7-134所示，将球体模型设置为液体发射器。

图7-134

07 在"属性编辑器"面板中,展开"特性"卷展栏,勾选"连续发射"复选框,如图7-135所示。

图7-135

08 展开"显示"卷展栏,勾选"体素"复选框,如图7-136所示,以便在场景中观察液体的形态。

图7-136

09 设置完成后,播放场景动画,液体的效果如图7-137所示。

图7-137

10 选择液体与场景中的杯子模型,单击Bifrost工具架中的"碰撞对象"按钮,如图7-138所示,设置液体可以与场景中的杯子发生碰撞。

图7-138

11 在场景中选择液体,单击Bifrost工具架中的"场"按钮,如图7-139所示。

图7-139

12 在"前视图"中,将场缩放至便于观察即可,然后使用"对齐工具"将场对象对齐场景中球体模型,并调整方向至如图7-140所示的状态。

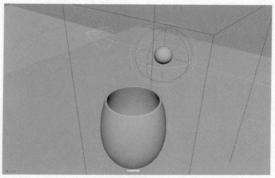

图7-140

13 播放动画,可以看到液体同时受到重力和场的影响,向斜下方运动,如图7-141所示。

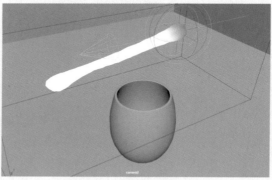

图7-141

14 在"属性编辑器"面板中,展开"运动场特性"卷展栏,设置Magnitude为0.1,如图7-142所示。

图7-142

⑮ 再次播放动画，液体与杯子的碰撞效果如图7-143所示。仔细观察液体与杯子碰撞的地方，发现目前的液体计算效果不太精确，如图7-144所示。

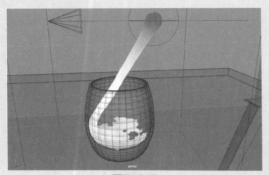

图7-143

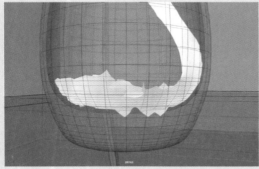

图7-144

⑯ 展开"分辨率"卷展栏，设置"主体素大小"为0.1，如图7-145所示。

⑰ 设置完成后，计算动画，液体的模拟效果如图7-146所示，降低了"主体素大小"后，计算时间明显增加，液体形态细节更多，液体与杯子模型的贴合也更加紧密了，但是有少量的液体穿透了杯子模型。

图7-145

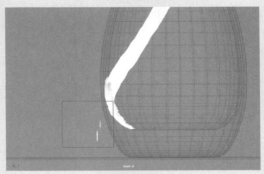

图7-146

⑱ 展开"自适应性"卷展栏内的"传输"卷展栏，设置"传输步长自适应性"为0.5，如图7-147所示。

图7-147

⑲ 再次播放动画，可以看到液体的碰撞计算更加精确了，没有出现液体穿透杯子模型的问题，如图7-148所示。

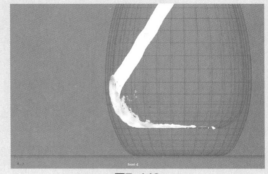

图7-148

⑳ 本实例的最终完成效果如图7-149所示。

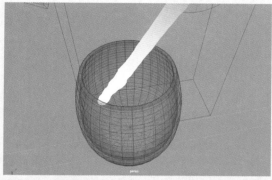

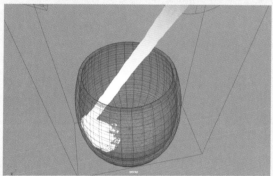

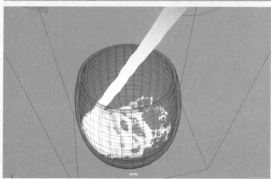

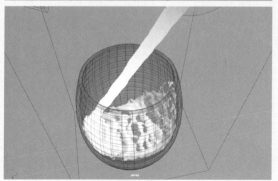

图7-149

㉑ 在场景中选择液体，单击"渲染"工具架中的"标准曲面材质"按钮，如图7-150所示。

图7-150

㉒ 在"属性编辑器"面板中，展开"镜面反射"卷展栏，设置"权重"为1，"粗糙度"为0.05，如图7-151所示。

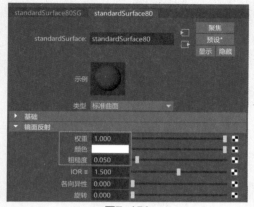

图7-151

㉓ 展开"透射"卷展栏，设置"权重"为1，"颜色"为酒红色，如图7-152所示。其中，"颜色"的参数设置如图7-153所示。

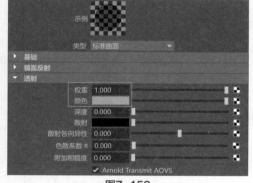

图7-152

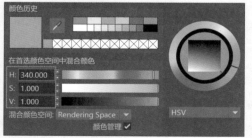

图7-153

㉔ 制作完成后的酒水材质在"材质查看器"中的显示效果如图7-154所示。

图7-154

㉕ 渲染场景，本实例的渲染结果如图7-155
所示。

图7-155

7.7 实例：海洋波浪动画

本实例使用Boss海洋模拟系统制作海洋波浪动
画，如图7-156所示为本实例的最终完成效果。

图7-156

① 启动中文版Maya 2020软件，单击"多边形
建模"工具架中的"多边形平面"按钮，在场景
中创建平面模型，如图7-157所示。

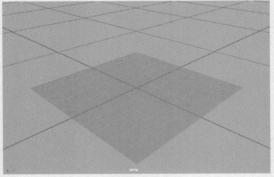

图7-157

② 在"属性编辑器"面板中，展开"多边形平
面历史"卷展栏，设置平面模型的"宽度"和
"高度"均为100，"细分宽度"和"高度细分
数"均为200，如图7-158所示。

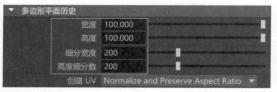

图7-158

图7-159

③ 设置完成后，得到一个非常大的平面模型，如图7-159所示。

④ 执行Boss|"Boss编辑器"命令，打开Boss Ripple/Wave Generator窗口，如图7-160所示。

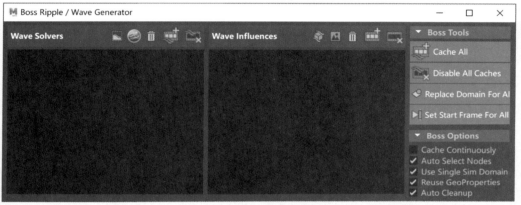

图7-160

⑤ 选择场景中的平面模型，单击Boss Ripple/Wave Generator窗口中的Create Spectral Waves（创建光谱波浪）按钮，如图7-161所示。

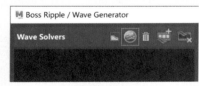

图7-161

⑥ 在"大纲视图"中，Maya软件根据之前所选平面模型的大小及细分情况创建了用于模拟区域海洋的新模型BossOutput，同时隐藏了场景中原有的多边形平面模型，如图7-162所示。

图7-162

⑦ 在默认情况下，新生成的BossOutput模型与原有的多边形平面模型一模一样。拖动时间帧，从第2帧起，BossOutput模型可以模拟非常真实的海洋波浪运动效果，如图7-163所示。

图7-163

08 在"属性编辑器"面板中,切换至BossSpectralWave1选项卡,展开"模拟属性"卷展栏,设置"波高度"为2,勾选"使用水平置换"复选框,并调整"波大小"为5,如图7-164所示。

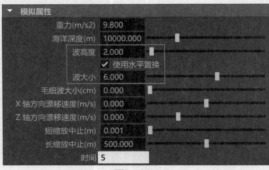

图7-164

09 调整完成后,播放场景动画,模拟的海洋波浪效果如图7-165~图7-167所示。

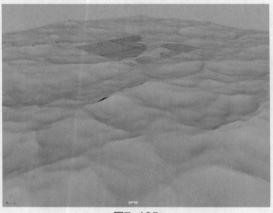

图7-165

图7-166

图7-167

10 在"大纲视图"中选择平面模型,展开"多边形平面历史"卷展栏,将"细分宽度"和"高度细分数"均提高至500,如图7-168所示。这时,Maya 2020可能会弹出"多边形基本体参数检查"对话框,询问是否需要继续使用目前的细分值,如图7-169所示,单击"是,不再询问"按钮即可。

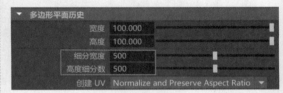

图7-168

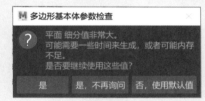

图7-169

11 设置完成后,在视图中观察海洋模型,可以看到模型的细节更丰富了,如图7-170所示为提高细分值前后的海洋模型对比结果。

12 选择海洋模型,为其指定"渲染"工具架中的"标准曲面材质",如图7-171所示。

13 在"属性编辑器"面板中,设置"基础"卷展栏内的"颜色"为深蓝色,如图7-172所示。其中,"颜色"的参数设置如图7-173所示。

14 展开"镜面反射"卷展栏,设置"权重"为1,"粗糙度"为0.1,如图7-174所示。

Maya动画特效从新手到高手

图7-170

图7-171

图7-172

图7-173

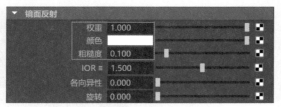

图7-174

⑮ 展开"透射"卷展栏，设置"权重"为0.7，"颜色"为深绿色，如图7-175所示。"颜色"的参数设置如图7-176所示。

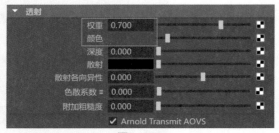

图7-175

图7-176

⑯ 为场景创建灯光。单击Arnold工具架中的Create Physical Sky（创建物理天空）按钮，在场景中创建物理天空灯光，如图7-177所示。

图7-177

⑰ 在Physical Sky Attributes（物理天空属性）卷展栏中，设置Elevation为25，Azimuth为200，Intensity为6，如图7-178所示。

⑱ 渲染场景，添加了材质和灯光的海洋波浪最终渲染结果如图7-179所示。

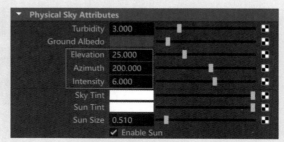

图7-178

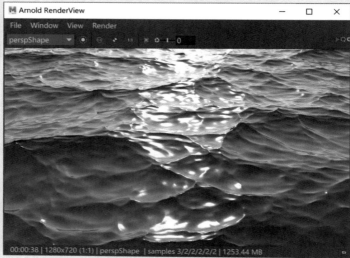

图7-179

第8章
运动图形动画

运动图形动画也称为MASH程序动画，该动画设置技术为动画师提供了一种全新的程序动画制作思路，常常用来模拟动力学动画、粒子动画以及一些特殊的图形变化动画。制作动画时，先将场景中需要设置动画的对象转换为MASH网络对象，这样就可以使用系统提供的各式各样的MASH节点设置动画。

8.1 实例：光线汇聚图形动画

本实例使用"运动图形"制作光线汇聚成海龟图形的动画，如图8-1所示为本实例的动画完成渲染效果。

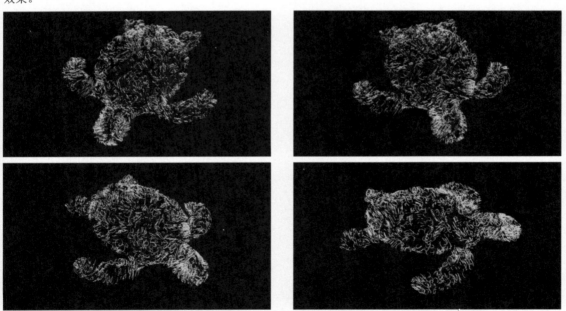

图8-1

① 启动中文版Maya 2020软件，打开本书配套资源"海龟.mb"文件，如图8-2所示。场景中有一只海龟的模型。

② 右击"运动图形"工具架中的"多边形球体"按钮，在弹出的快捷菜单中选择"创建立方体"选项，如图8-3所示。在场景中创建立方体模型，如图8-4所示。

③ 选择立方体模型，单击"运动图形"工具架中的"创建MASH网络"按钮，如图8-5所示，创建如图8-6所示的MASH网络对象。

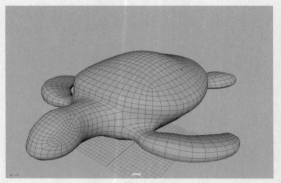

图8-2

图8-3

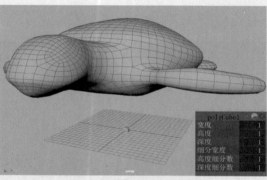

图8-4

图8-5

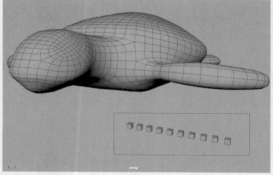

图8-6

04 在"属性编辑器"面板中,将"点数"设置为2000,设置"分布类型"为"网格",并将

海龟模型设置为"输入网格",如图8-7所示。

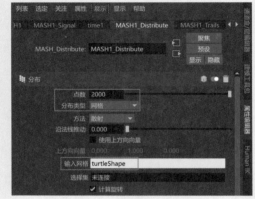

图8-7

05 在视图中,可以看到MASH网络对象所生成的立方体模型全部附着于场景中的海龟模型表面,如图8-8所示。

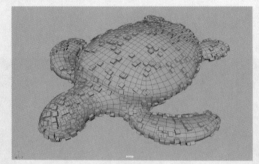

图8-8

06 在"添加节点"卷展栏中,单击Signal(信号)节点,并执行"添加信号节点"命令,如图8-9所示。

图8-9

07 在"属性编辑器"面板中,设置"信号类

型"为Curl Noise，在"位置"卷展栏中，设置"位置X""位置Y"和"位置Z"均为1。在"三角化设置"卷展栏中，设置"时间比例"为10，如图8-10所示。

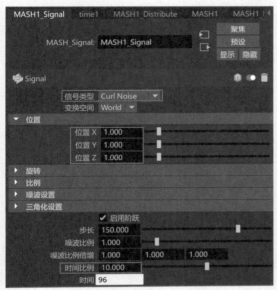

图8-10

⑧ 播放场景动画，可以看到海龟表面的立方体随着时间的变化不断运动，如图8-11和图8-12所示。

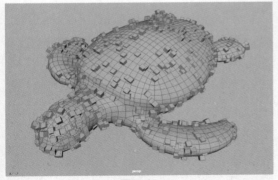

图8-11

⑨ 在"添加工具"卷展栏中，单击Trails（轨迹）节点，并执行"添加轨迹节点"命令，如图8-13所示。

⑩ 在"属性编辑器"面板中，设置"最大轨迹数"为2000，如图8-14所示。

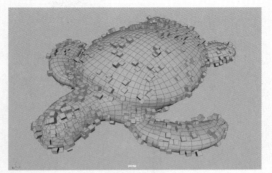

图8-12

图8-13

图8-14

⑪ 将场景中的海龟模型和表面的立方体模型分别隐藏起来。播放场景动画，即可看到场景中会逐渐产生一些细线状的轨迹模型，并最终构成海龟的形态，如图8-15~图8-18所示。

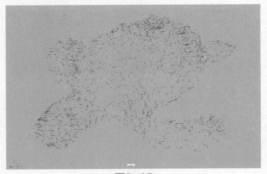

图8-15

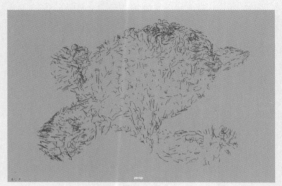

图8-16

图8-17

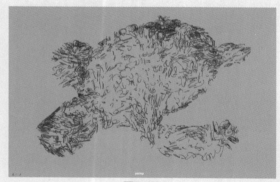

图8-18

⑫ 选择轨迹模型，单击"渲染"工具架中的"标准曲面材质"按钮，如图8-19所示。

图8-19

⑬ 在"属性编辑器"面板中，展开"发射"卷展栏，设置"权重"为1，"颜色"为蓝色，如图8-20所示。其中，"颜色"的参数设置如图8-21所示。

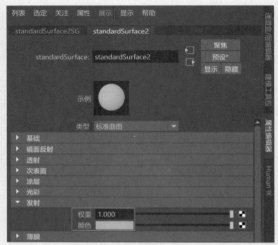

图8-20

图8-21

⑭ 设置完成后，渲染场景，本实例的最终渲染结果如图8-22所示。

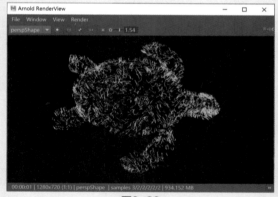

图8-22

8.2 实例：鱼群游动动画

本实例使用"运动图形"制作鱼群的游动动画，如图8-23所示为本实例的动画完成渲染效果。

图8-23

① 启动中文版Maya 2020软件，打开本书配套资源"鱼.mb"文件，如图8-24所示。场景中有一条鱼的模型。

② 选择鱼模型，执行"变形"|"非线性"|"弯曲"命令，如图8-25所示。

③ 在"属性编辑器"面板中，展开"变换属性"卷展栏，设置"旋转"的X为90，如图8-26所示。

图8-24

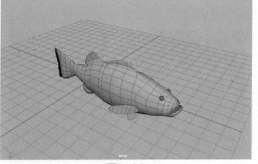

图8-25

图8-26

④ 在"非线性变形器属性"卷展栏中，设置"曲率"为30，"上限"为0，如图8-27所示，制作出鱼摆尾的形态，如图8-28所示。

图8-27

图8-28

⑤ 在第1帧位置，为"曲率"设置关键帧，如图8-29所示。

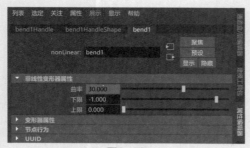

图8-29

⑥ 在第10帧位置，设置"曲率"为-30，并设置关键帧，如图8-30所示。

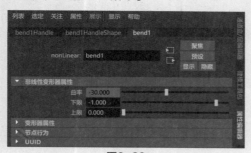

图8-30

⑦ 在"属性编辑器"面板中右击"曲率"，在弹出的快捷菜单中选择bend1_curvature.output选项，如图8-31所示。

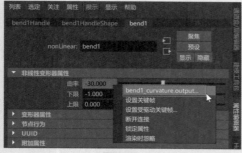

图8-31

⑧ 在"动画曲线属性"卷展栏中，设置"后方无限"为Oscillate，如图8-32所示。

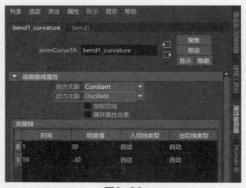

图8-32

⑨ 在"大纲视图"中，将弯曲手柄设置为鱼模型的子对象，如图8-33所示。设置完成后，播放动画，可以看到鱼模型随着时间的变化不断摆尾的动画效果。

图8-33

⑩ 选择鱼模型，单击"运动图形"工具架中的"创建MASH网络"按钮，如图8-34所示，创建如图8-35所示的MASH网络对象。

图8-34

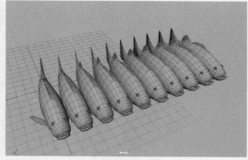

图8-35

⑪ 单击"曲线/曲面"工具架中的"EP曲线工具"按钮，如图8-36所示。

图8-36

⑫ 在场景中绘制一条曲线作为鱼群游动的路径，如图8-37所示。

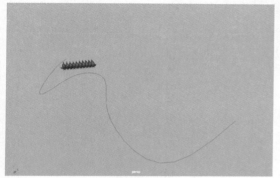

图8-37

⑬ 选择MASH网络对象，在"添加节点"卷展栏中，单击Curve（曲线）节点，并执行"添加曲线节点"命令，如图8-38所示。

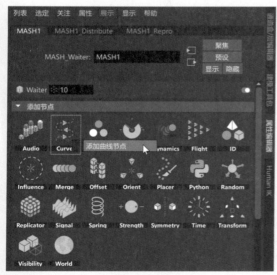

图8-38

⑭ 在"曲线"卷展栏中，将刚刚绘制完成的曲线设置为"输入曲线"，如图8-39所示。

⑮ 播放场景动画，即可看到鱼模型会沿着曲线产生运动，如图8-40所示。

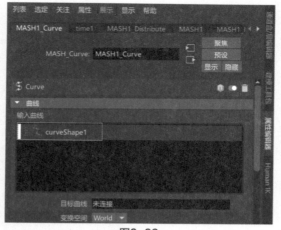

图8-39

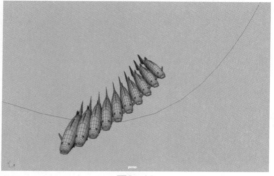

图8-40

⑯ 将场景中隐藏的鱼模型显示出来，并使用"旋转工具"调整其方向，进而影响MASH网络对象所生成的鱼群方向，如图8-41所示。

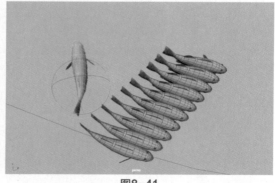

图8-41

⑰ 选择MASH网络对象，在"属性编辑器"面板中调整"分布"节点的"距离X"为0，如图8-42所示，得到的鱼群模拟效果如图8-43所示。

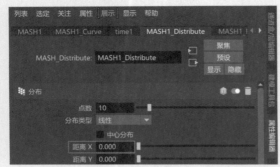

图8-42

图8-43

⑱ 选择MASH网络对象，在"添加节点"卷展栏中，单击Random（随机）节点，并执行"添加随机节点"命令，如图8-44所示。

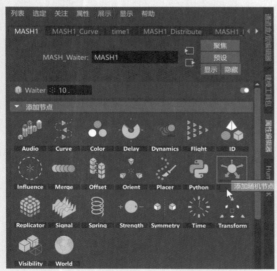

图8-44

⑲ 在"属性编辑器"面板中，设置Random（随机）节点的"位置X""位置Y""位置Z"均为8，如图8-45所示。

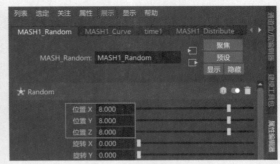

图8-45

⑳ 播放动画，可以看到鱼群中每条鱼的间距就增加了，效果如图8-46所示。

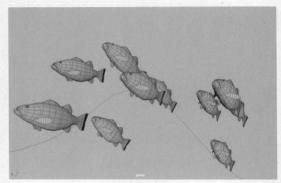

图8-46

㉑ 设置"缩放X"为0.5，取消勾选"绝对比例"复选框，并勾选"均匀缩放"复选框，如图8-47所示。

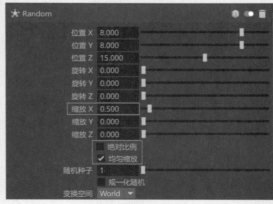

图8-47

㉒ 观察场景，鱼群中鱼产生了随机缩放效果，如图8-48所示。

㉓ 在"曲线"卷展栏中，调整"动画速度"为1，提高鱼群的游动速度，如图8-49所示。

㉔ 本实例的最终动画效果如图8-50所示。

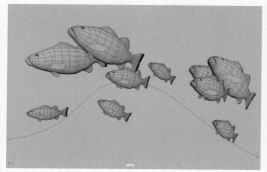

图8-48

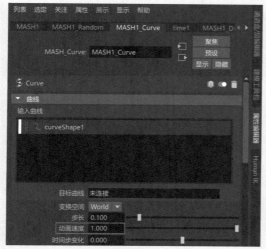

图8-49

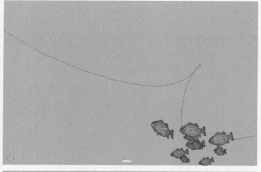

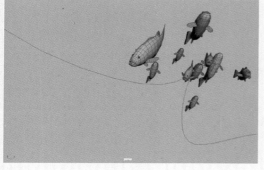

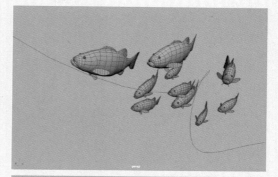

图8-50

8.3 实例：文字拖尾动画

本实例使用"运动图形"制作文字运动时产生的拖尾效果，如图8-51所示为本实例的动画完成渲染效果。

图8-51

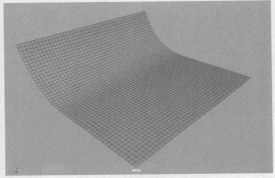

图8-52

图8-53

图8-54

① 启动中文版Maya 2020软件，打开本书配套资源"地面.mb"文件，如图8-52所示。场景中有一个地面的模型。

② 单击"运动图形"工具架中的"多边形类型"图标，如图8-53所示。在场景中创建文字模型，如图8-54所示。

③ 在"属性编辑器"面板中，设置文字模型的内容为MAYA，如图8-55所示。

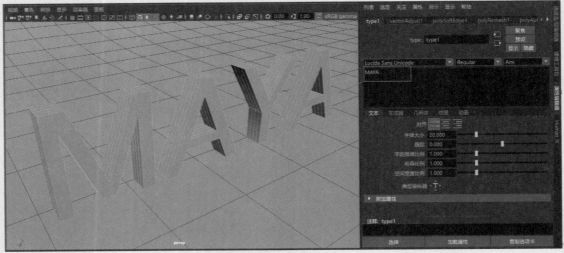

图8-55

④ 在"可变形类型"卷展栏中，勾选"可变形类型"复选框，这样可以在场景中查看文字模型的布线结构，如图8-56所示。

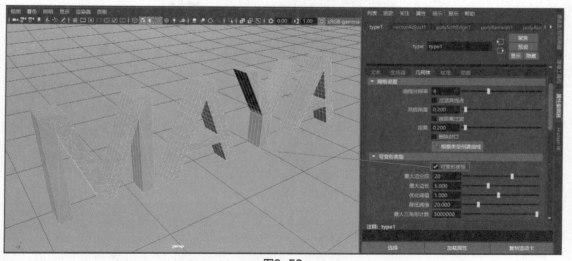

图8-56

⑤ 在"动画"选项卡中,勾选"动画"复选
框,在第1帧位置,为"平移"的Y设置关键帧,
为"旋转"的X设置关键帧,如图8-57所示。

图8-57

⑥ 在第24帧位置,再次为"平移"的Y设置关
键帧,将"旋转"的X设置为360,并设置关键
帧,如图8-58所示。

图8-58

⑦ 回到第13帧位置,仅更改"平移"的Y为
10,并设置关键帧,如图8-59所示。

图8-59

⑧ 设置完成后,播放动画,构成文字模型的4个
字母的动画效果如图8-60所示。

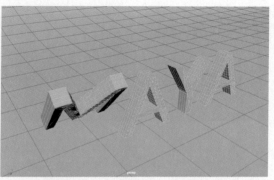

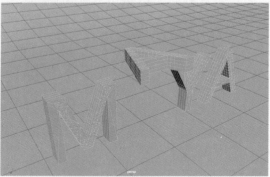

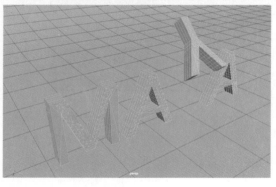

第8章 运动图形动画

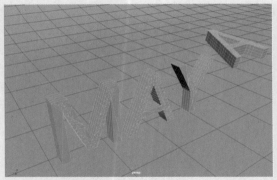

图8-60

⑨ 右击"运动图形"工具架中的"多边形球体"按钮，在弹出的快捷菜单中选择"创建立方体"选项，如图8-61所示。在场景中创建立方体模型，如图8-62所示。

图8-61

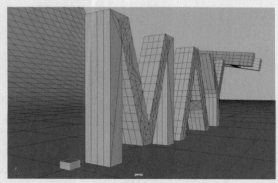

图8-62

⑩ 选择立方体模型，单击"运动图形"工具架中的"创建MASH网络"按钮，如图8-63所示。创建如图8-64所示的MASH网络对象。

图8-63

⑪ 在"属性编辑器"面板中，将"点数"设置为100，设置"分布类型"为"网格"，并将文字模型设置为"输入网格"，如图8-65所示。

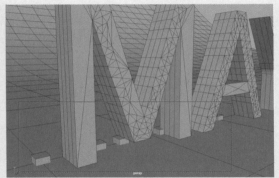

图8-64

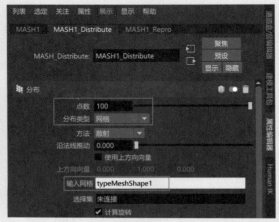

图8-65

⑫ 在视图中，MASH网络对象所生成的立方体模型全部附着于场景中的文字模型表面，如图8-66所示。

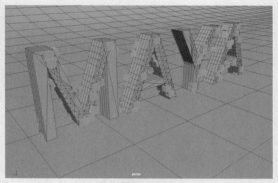

图8-66

⑬ 在"添加工具"卷展栏中，单击Trails（轨迹）节点，并执行"添加轨迹节点"命令，如图8-67所示。

⑭ 在"属性编辑器"面板中，设置"轨迹长度"为15，"轨迹缩放"为2，勾选"衰退轨迹"复选框，如图8-68所示。

图8-67

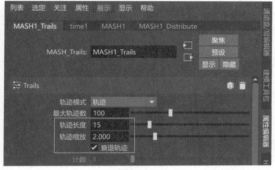

图8-68

⑮ 设置完成后，隐藏立方体模型，播放场景动画，本实例的最终动画效果如图8-69所示。

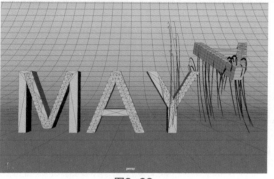

图8-69

⑯ 选择场景中的文字模型和轨迹模型，如图8-70所示。

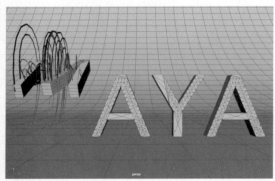

图8-70

⑰ 单击"渲染"工具架中的"标准曲面材质"按钮，如图8-71所示。

图8-71

⑱ 在"属性编辑器"面板中，展开"基础"卷展栏，设置"颜色"为蓝色，如图8-72所示。其中，"颜色"的参数设置如图8-73所示。

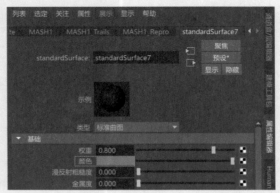

图8-72

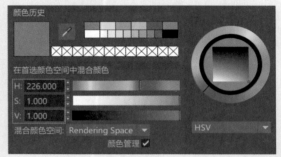

图8-73

⑲ 制作完成后的材质显示效果如图8-74所示。

图8-74

⑳ 单击Arnold工具架中的Create SkyDome Light按钮，如图8-75所示。为场景添加灯光。

图8-75

㉑ 渲染场景，本实例的最终渲染效果如图8-76所示。

图8-76

8.4 实例：魔幻方块动画

本实例使用"运动图形"制作方块变换为其他形状的动画，如图8-77所示为本实例的动画完成渲染效果。

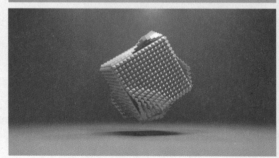

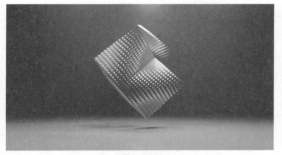

图8-77

① 启动中文版Maya 2020软件，单击"多边形建模"工具架中的"多边形立方体"按钮，如图8-78所示。在场景中创建立方体模型，如图8-79所示。

图8-78

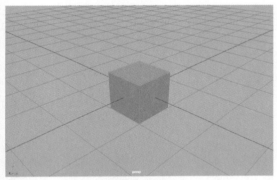

图8-79

② 选择如图8-80所示的面，调整其位置至如图8-81所示的状态。

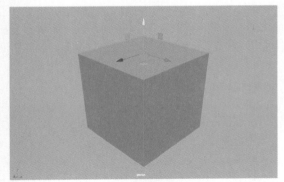

图8-80

③ 在"多边形建模"工具架中，单击"挤出"按钮，如图8-82所示。

图8-81

图8-82

④ 对所选择的面进行"挤出"操作，如图8-83所示。

图8-83

⑤ 修改完成后的方块模型如图8-84所示。

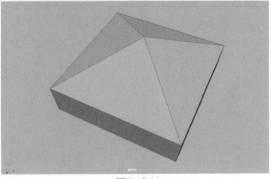

图8-84

⑥ 选择方块模型，单击MASH工具架中的"创建MASH网络"按钮，如图8-85所示，得到如图8-86所示的MASH网络对象。

第8章 运动图形动画

161

图8-85

图8-86

⑦ 在"属性编辑器"面板中，设置"分布类型"为"栅格"，"距离X"为14，"距离Z"为14，"栅格X"为15，"栅格Y"为1，"栅格Z"为15，如图8-87所示。

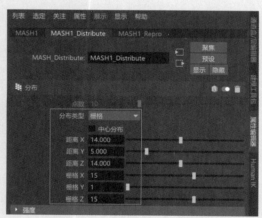

图8-87

⑧ 设置完成后，MASH网络对象的形态如图8-88所示。

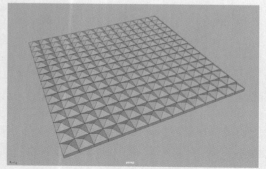

图8-88

⑨ 在"添加节点"卷展栏中，单击Offset（偏

移）节点，并执行"添加偏移节点"命令，如图8-89所示。

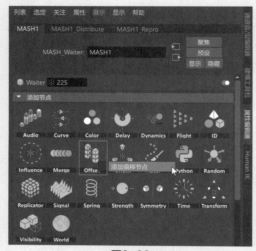

图8-89

⑩ 在"属性编辑器"面板中，设置"偏移旋转"的Z为180，如图8-90所示。

图8-90

⑪ 展开"衰减对象"卷展栏，在"衰减对象"文本框内右击，在弹出的快捷菜单中选择"创建"选项，如图8-91所示，即可在场景中创建衰减控制器，如图8-92所示。

图8-91

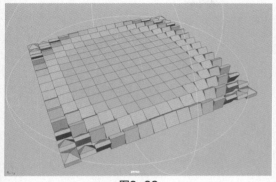

图8-92

⑫ 在"变换属性"卷展栏中，设置衰减控制器的"缩放"X、Y和Z均为20，如图8-93所示。

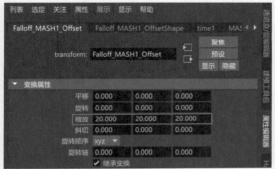

图8-93

⑬ 在"添加节点"卷展栏中，再次单击Offset（偏移）节点，执行"添加偏移节点"命令。在"属性编辑器"面板中，设置"偏移位置"的Y为2，如图8-94所示。

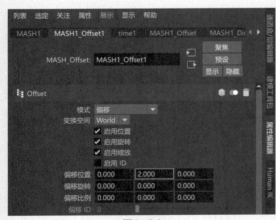

图8-94

⑭ 以同样的操作方式再次为该"偏移"节点创建衰减控制器，如图8-95所示。

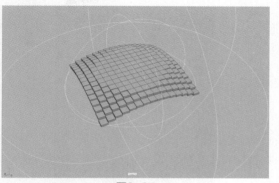

图8-95

⑮ 在"变换属性"卷展栏中，设置第2个衰减控制器的"缩放"X、Y和Z均为20，如图8-96所示。

图8-96

⑯ 在"衰减渐变"卷展栏中，更改衰减渐变的曲线形态至如图8-97所示的状态。

图8-97

⑰ 在"大纲视图"中，选择这两个衰减控制器，按快捷键Ctrl+G，对其进行"分组"操作，如图8-98所示。

图8-98

⑱ 在第20帧位置，为组对象的"平移"属性设置关键帧，如图8-99所示。

图8-99

⑲ 在第70帧位置，设置"平移"的X为25，Z为-25，并再次为该属性设置关键帧，如图8-100所示。

图8-100

⑳ 设置完成后，播放场景动画，添加了两个"衰减"节点动画后的MASH网络对象动画效果如图8-101所示。

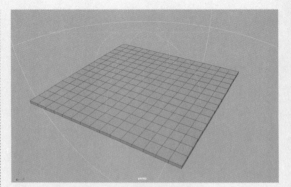

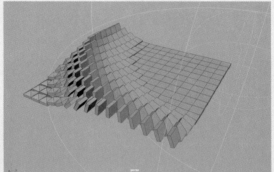

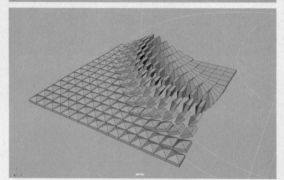

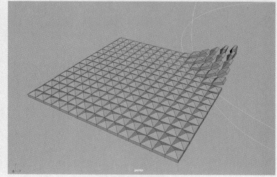

图8-101

㉑ 在"添加节点"卷展栏中，单击Strength（强度）节点，并执行"添加强度节点"命令，如图8-102所示。

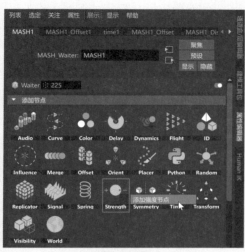

图8-102

㉒ 展开"强度"节点的"衰减对象"卷展栏，在"衰减对象"文本框内右击，在弹出的快捷菜单中选择"创建"选项，如图8-103所示，即可在场景中创建用于控制"强度"节点的衰减控制器，如图8-104所示。

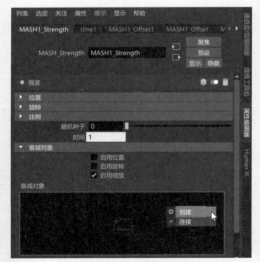

图8-103

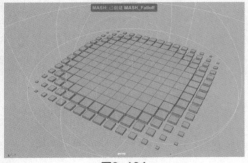

图8-104

㉓ 在"变换属性"卷展栏中，设置第3个衰减控制器的"缩放"X、Y和Z均为20，如图8-105所示。

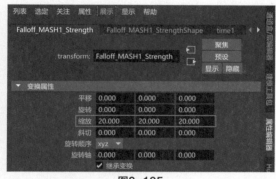

图8-105

㉔ 在第90帧位置，为该衰减控制器的"平移"属性设置关键帧，如图8-106所示。

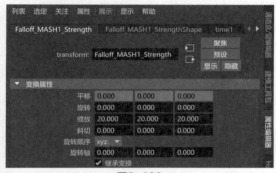

图8-106

㉕ 在第120帧位置，设置"平移"的X为25，Z为25，并为该属性再次设置关键帧，如图8-107所示。

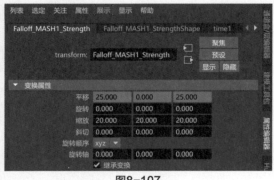

图8-107

㉖ 设置完成后，播放90帧以后的场景动画效果，MASH网络对象会逐渐消失，如图8-108所示。

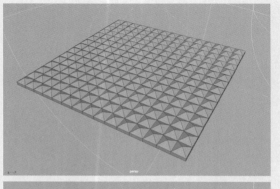
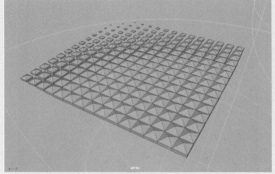
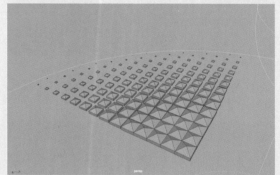

图8-108

㉗ 单击"多边形建模"工具架中的"多边形立
方体"按钮，如图8-109所示。在场景中再次创
建立方体模型。

图8-109

㉘ 在"属性编辑器"面板中，设置立方体的"宽度""高度"和"深度"均为15，如图8-110所示。

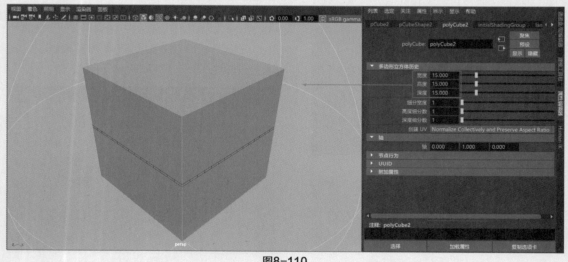

图8-110

㉙ 在场景中选择MASH网络对象生成的多边形
对象，单击MASH工具架中的"创建MASH网
络"按钮，如图8-111所示，得到如图8-112所
示的新的MASH网络对象。

图8-111

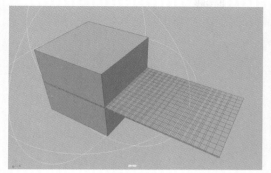

图8-112

㉚ 在"属性编辑器"面板中，设置"点数"为6，"分布类型"为"网格"，"方法"为"面中心"，并将场景中的第2个立方体模型作为该MASH网络对象的"输入网格"，如图8-113所示。这样就得到了一个由很多小立方体组成的大立方体模型，如图8-114所示。

图8-113

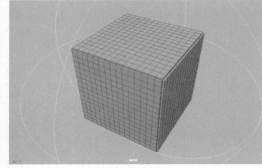

图8-114

㉛ 在"添加节点"卷展栏中，单击Transform（变换）节点，并执行"添加变换节点"命令，如图8-115所示。

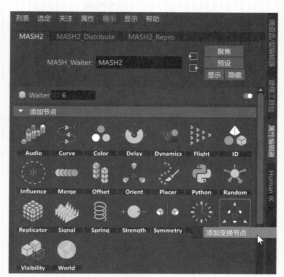

图8-115

㉜ 在"属性编辑器"面板中，右击"控制器NULL"后面的文本框，在弹出的快捷菜单中选择"创建"选项，如图8-116所示。这样可以在场景中创建定位器来控制MASH网络对象的变换属性，可以在"大纲视图"中找到该定位器，如图8-117所示。

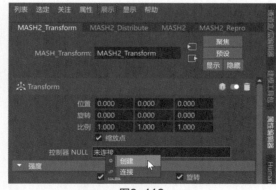

图8-116

图8-117

㉝ 在第1帧位置，调整定位器的位置及旋转角度至如图8-118所示的状态，并为其"旋转"属性设置关键帧，如图8-119所示。

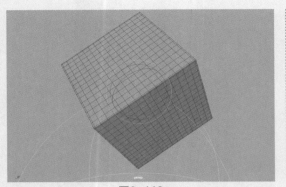

图8-118

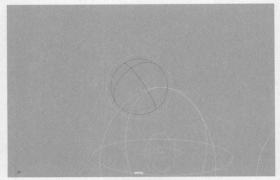

图8-120

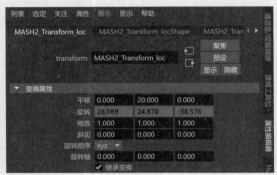

图8-119

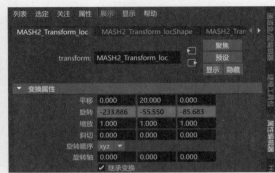

图8-121

34 在第120帧位置，调整定位器的位置及旋转角度至如图8-120所示的状态并为其"旋转"属性设置关键帧，如图8-121所示。

35 设置完成后，播放场景动画，本实例的最终动画完成效果如图8-122所示。

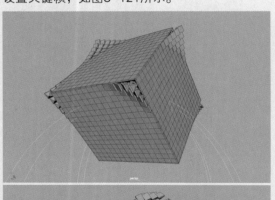

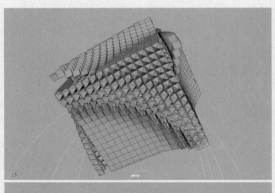

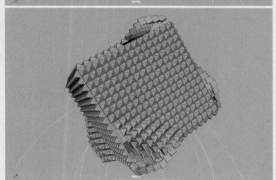

图8-122